COMMISSION D'ÉTUDES

DES

Améliorations à apporter dans la Situation agricole

DE LA VALLÉE DU CHÉLIFF

RAPPORT

A MONSIEUR LE GOUVERNEUR GÉNÉRAL DE L'ALGÉRIE

PAR

M. H. LECQ

INSPECTEUR DE L'AGRICULTURE DE L'ALGÉRIE
PRÉSIDENT DE LA COMMISSION

Rapports de MM. Renoux, Marès, Casanova, Branlière, Godard, Trabut, Vermeil, Samson, Thirion,

MEMBRES DE LA COMMISSION

DOCUMENTS DIVERS. — PROCÈS-VERBAUX

ALGER

IMPRIMERIE ORIENTALE, P. FONTANA ET COMPAGNIE, RUE D'ORLÉANS, 29

1899

AMÉLIORATIONS A APPORTER DANS LA SITUATION AGRICOLE

DE LA VALLÉE DU CHÉLIFF

1925

GOUVERNEMENT GÉNÉRAL DE L'ALGÉRIE

COMMISSION D'ÉTUDES

DES

Améliorations à apporter dans la Situation agricole

DE LA VALLÉE DU CHÉLIFF

RAPPORT

A MONSIEUR LE GOUVERNEUR GÉNÉRAL DE L'ALGÉRIE

PAR

M. H. LECQ

INSPECTEUR DE L'AGRICULTURE DE L'ALGÉRIE
PRÉSIDENT DE LA COMMISSION

Rapports de **MM. Renoux, Marès, Casanova, Branlière, Godard,
Trabut, Vermeil, Samson, Thirion,**

MEMBRES DE LA COMMISSION

DOCUMENTS DIVERS. — PROCÈS-VERBAUX

ALGER
IMPRIMERIE ORIENTALE, P. FONTANA ET COMPAGNIE, RUE D'ORLÉANS, 29

1899

Améliorations à apporter dans la Situation agricole de la vallée du Chéliff.

RAPPORT A MONSIEUR LE GOUVERNEUR GÉNÉRAL DE L'ALGÉRIE

Monsieur le Gouverneur général,

Certaines régions de l'Algérie sont plus ou moins souvent éprouvées par le manque de récoltes. Sous l'influence de diverses calamités et particulièrement de la sécheresse, les céréales, qui forment, presque exclusivement, la base de la nourriture des Indigènes et qui constituent la culture la plus importante par l'étendue des terres qu'elles occupent (2,800,000 hectares environ sur un peu plus de 3,000,000 d'hectares de terres de labour), donnent des rendements insuffisants pour assurer l'alimentation des populations agricoles. Parfois même, le cultivateur ne récolte pas l'équivalent de la semence qu'il a confiée au sol.

Les conséquences de cet état de choses sont des plus graves.

Lorsque les grains viennent à manquer, les Indigènes, dans les régions éprouvées, mourraient littéralement de faim, si le Gouvernement, par la distribution de denrées alimentaires et de grains de semences, par l'organisation de chantiers de charité, ne se hâtait de secourir ces populations dépourvues du nécessaire.

Mais lorsque ces calamités se produisent, trop souvent il est impossible, quoi qu'on fasse, de conjurer toutes les conséquences de la disette.

Quelle que soit l'importance des sacrifices consentis par la Métropole et par l'Algérie, auxquels vient généreusement s'ajouter le concours de la charité privée, l'état de misère dans lequel tombent alors les populations indigènes de ces régions offre un tableau lamentable. Des groupes de population entiers souffrent de la faim qui, mauvaise conseillère, les pousse au vol et à tous autres excès ; la sécurité des colons européens et de leurs biens se trouve gravement compromise.

Au lieu de parer avec des moyens souvent insuffisants aux conséquences de la disette, au lieu d'adresser à la Métropole des appels incessants, auxquels elle répond toujours sans se lasser, mais dans une mesure qu'il lui est impossible de proportionner à l'étendue des misères à soulager, ne vaudrait-il pas mieux, en améliorant les procédés de culture et de mise en valeur du sol chez les Indigènes, assurer à la production agricole plus de régularité et conjurer, en partie du moins, les maux qu'entraînent les mauvaises récoltes ?

Telle est la question que s'est posée M. Robert, Conseiller général d'Orléansville, délégué au Conseil Supérieur de l'Algérie. L'honorable Conseiller, se préoccupant tout particulièrement des intérêts de la région qu'il représente, émit le vœu qu'il fût institué une Commission d'études chargée de rechercher les moyens de mettre en valeur la vallée du Chéliff.

Prenant en considération le vœu déposé par M. Robert, et sur la proposition du rapporteur, M. Broussais, le Conseil Supérieur fut d'avis d'en généraliser la portée et décida « *que des Commissions techniques seraient chargées, dans les diverses régions de l'Algérie les plus exposées aux effets désastreux des longues périodes de sécheresse, d'étudier les moyens de régulariser la production annuelle, de manière à prévenir les effets de la disette.* »

Conformément à ce vœu, M. le Gouverneur Général, faisant appel au dévouement des agriculteurs ou agronomes les plus compétents et des fonctionnaires connaissant le mieux la région du Chéliff, institua, sous ma présidence, une Commission chargée « *de rechercher les moyens susceptibles d'améliorer la situation agricole de la vallée du Chéliff.* »

Cette Commission était ainsi composée :

MM.

LECQ, inspecteur de l'agriculture de l'Algérie. *Président ;*

RENOUX, sous-préfet de l'arrondissement d'Orléansville,
TRABUT, directeur du service botanique de l'Algérie,
MARÈS, professeur départemental d'agricult^{re} (Alger),
BRANLIÈRE, ingénieur ordinaire des Ponts et Chaussées, à Orléansville,
ROBERT, conseiller général d'Orléansville,
CASANOVA, maire, président du Comice agricole d'Orléansville,
SAMSON, agriculteur à Orléansville,
GOURNAIL, agriculteur à Duperré,
BOUTONNET, maire de Carnot,
DURROS, agriculteur à Lavarande.

Membres.

MM.

Sı Henni ben Es Saïah, cadi à Orléansville.
Yaya, horticulteur à Orléansville,
Vermeil, professeur départemental d'agriculture (Oran),
Ramier, conseiller général d'Inkermann,
Thirion, agriculteur-éleveur au Merdja,
Godard, directeur du domaine de l'Habra,
Ben Alia El Hadj Djelloul, ex-agha des Flittas,

} *Membres.*

C'est le résultat des travaux de cette Commission que j'ai l'honneur de soumettre à votre haute appréciation.

La Commission se réunit une première fois le 18 novembre 1897, à Orléansville, où elle tint trois séances au cours desquelles eut lieu un échange de vue sur les diverses questions à étudier.

Un programme fut élaboré et des rapporteurs furent désignés.

La Commission se réunit de nouveau le 20 décembre de la même année à Alger, où, au cours de quatre séances, les rapports furent lus et discutés.

Enfin, le 3 mars 1898, la Commission était convoquée à Orléansville pour entendre la lecture du rapport général et formuler ses conclusions.

Aux termes mêmes du vœu adopté par le Conseil Supérieur de Gouvernement, la Commission avait pour mission « *d'étudier les voies et moyens susceptibles d'améliorer la situation agricole de la vallée du Chéliff et d'augmenter ses produits en recherchant surtout les moyens susceptibles de régulariser ses productions agricoles par une meilleure utilisation de ses ressources naturelles.* »

Précisant et limitant le rôle de la Commission, M. le Gouverneur Général faisait observer qu'il ne s'agissait pas, dans la circonstance, de rechercher le moyen de tirer le meilleur parti possible des terres de la vallée du Chéliff qui appartiennent aux grands et moyens propriétaires.

« *L'objet des études à entreprendre pour le moment, disait-il, est surtout de rechercher les améliorations qui peuvent être apportées dans les conditions d'existence des populations rurales pauvres, en temps de disette ; d'étudier ce qu'elles peuvent faire en petites cultures, jardinage et élevage de quelques têtes de menu bétail, de volaille, ce qui leur procurerait toujours des ressources pour vivre, les années où la récolte des céréales fait plus ou moins défaut. Dans ce but, j'ai constitué une Commission chargée des études à effectuer dans la vallée du Chéliff, aussi bien pour la partie du département d'Alger que pour celle du département d'Oran.* »

En résumé, la Commission avait pour mission de rechercher les améliorations d'ordre simple qu'il était désirable de voir introduire dans les petites exploitations agricoles, de manière à parer, dans la mesure du possible, au danger de famine en régularisant le rendement des récoltes.

Pour mener à bien la tâche qui lui était confiée. la Commission devait, tout d'abord, arrêter le programme de ses études et s'entendre sur la meilleure méthode de travail à suivre.

Le projet de programme que je présentai à la Commission, lors de sa première réunion, portait sur les points suivants :

Première question. — Régions du Chéliff particulièrement éprouvées par la sécheresse. — Variations de la population et du cheptel. — Situation des cultivateurs européens ou indigènes comparée à ce qu'elle était autrefois. — Situation matérielle.

Deuxième question. — Climatologie de la vallée du Chéliff. — Rôle des cultures arbustives, figuiers, oliviers, cactus, vignes, etc...

Troisième question. — Modes d'utilisation des eaux d'irrigation, d'hiver, de printemps, d'été et particulièrement des eaux de ruissellement. — Utilisation des eaux des barrages. des eaux souterraines. — Leur application aux diverses cultures.

Quatrième question. — Améliorations d'ordre simple à introduire dans la culture des Indigènes sans apporter des modifications profondes aux procédés actuellement en usage.

Cinquième question. — Cultures alimentaires secondaires, cultures horticoles.

Sixième question. — Industries agricoles secondaires, utilisation des produits alimentaires naturels. — Basses-cours.

Septième question. — Alimentation du bétail. — Plantes fourragères à cultiver. — Conservation des fourrages. — Abris.

Huitième question. — Le bétail.

Après examen de ce projet, la Commission décida de joindre à la première question l'Etude des voies de communication reliant les tribus entre elles et avec les routes. centres. chemins de fer. marchés, etc.

Elle inscrivit en outre à son programme une neuvième question.

Neuvième question. — Etude des moyens administratifs pour parer à la sécheresse. — Reboisement. — Construction de barrages. — Conservation des ouvrages effectués.

Chacune de ces questions fut l'objet d'une discussion générale au cours de laquelle, après un simple échange de vues, un rapporteur spécial fut désigné avec mission de tenir compte, tout en exposant ses idées personnelles, des indications de la Commission

Furent nommés rapporteurs :

Pour la première question, M. Renoux ;
      deuxième question, M. Marès ;
      troisième question, MM. Casanova et Marès ;
      quatrième question, M. Godard ;
      cinquième question, M. Trabut ;
      sixième question, M. Vermeil ;
      septième question, M. Samson :
      huitième question, M. Thirion ;
      neuvième question, MM. Casanova et Robert.

M. Marès fut chargé, en qualité de rapporteur général, de relever dans les rapports spéciaux les propositions et vœux à soumettre à la ratification de la Commission.

SITUATION ÉCONOMIQUE DES POPULATIONS DU CHÉLIFF.

L'étude de cette importante question a été confiée à M. Renoux, qui, en sa qualité de sous-préfet de l'arrondissement d'Orléansville, était tout indiqué pour la traiter [1].

De tout temps, la plaine du Chéliff a été la région de l'Algérie la plus éprouvée par la sécheresse et le manque de récoltes : les anciens colons n'ont pas oublié les horreurs de la famine de 1867.

Si on ne considère que les 20 dernières années, on voit qu'après deux récoltes mauvaises, en 1880 et 1881, la situation se maintint assez bonne jusqu'en 1891 ; à partir de cette époque jusqu'à l'année dernière, une série de récoltes médiocres ou mauvaises éprouva les populations agricoles auxquelles le Gouvernement dut venir en aide en distribuant des grains de semences, en établissant des chantiers de charité et en accordant des secours en nature. Cette mauvaise série ne fut close que par la campagne 1897-1898, dont les résultats peuvent être considérés comme bons.

D'après M. Renoux, c'est la partie *plaine* de l'arrondissement qui est la plus éprouvée par les mauvaises récoltes.

Les territoires qui ont eu le moins à souffrir de la disette sont :

Au Nord, la région comprise entre la mer et une ligne Ouest-Est passant par Rabelais, Warnier et Carnot ;

Au Sud, la partie méridionale de l'arrondissement, limitée au Nord par une ligne Ouest-Est passant par Masséna et Lamartine.

C'est donc, à proprement parler, la plaine même du Chéliff qui

---

(1) Page 1 et suivantes.

est le plus éprouvée par la sécheresse. Et, cependant, ses terres sont profondes, fécondes et deviennent fertiles quand elles sont arrosées par les eaux de pluie ou d'irrigation.

De l'examen de la situation matérielle des divers centres de colonisation, M. Renoux conclut :

1° Que les villages, installés dans la région la plus accidentée et considérée comme montagneuse, jouissent d'une prospérité relative;

2° Que les centres, installés en pays de plaine, ne font que végéter quand l'eau d'irrigation leur fait défaut.

M. Renoux termine son rapport en insistant sur l'utilité d'aménager les chemins ou pistes qui relient entre eux les tribus et les douars et qui les mettent en communication avec les routes classées, les centres de colonisation, les gares de chemin de fer, les marchés, les points d'eau, etc...

La situation économique des Indigènes, étant tout particulièrement intéressante à étudier, il y avait lieu de comparer ce qu'elle est actuellement à ce qu'elle était autrefois, en remontant aussi loin que le permettaient les documents administratifs les plus précis. On pouvait prendre comme terme de comparaison, d'une part, les statistiques actuelles qui, particulièrement en ce qui concerne tout ce qui est soumis à l'impôt, présentent une exactitude suffisante et, d'autre part, les travaux si précis des Commissions d'enquête chargées de l'application du Sénatus-Consulte de 1863. Les rapports de ces Commissions relatent, pour chaque tribu, le chiffre de la population, le nombre de charrues, de chèvres, de moutons, de bœufs, de chevaux ou mulets possédés par les Indigènes vers les années 1866 à 1869, ainsi que la superficie territoriale que chacune d'elle occupait et sa situation agricole à cette époque. En comparant les chiffres d'alors avec ceux d'aujourd'hui, on peut préciser quelles sont, à trente ans d'intervalle, les principales modifications survenues dans l'économie rurale indigène.

Un tableau [1] donne un état comparatif en 1867-69 et en 1897 du chiffre de la population indigène, de l'importance du cheptel, des superficies territoriales occupées, du montant total des contributions pour les tribus riveraines du Chéliff portées sur la carte ci-annexée [2].

En 1867-1869, la population de ces tribus était d'environ 100,000 individus : dans l'espace de 30 ans, on constate une augmentation de plus de 20,000 âmes. On serait porté à voir dans cet accroissement de population un indice de prospérité. Il n'en est malheureusement rien. L'examen comparatif du cheptel suffit à le prou-

---

(1) Page 122 et suivantes.   (2) Page 156.

ver. En effet, on voit que le nombre des charrues a diminué, ainsi que celui des animaux employés à les actionner, bœufs, chevaux et mulets. Le nombre des chèvres augmente au contraire. L'Indigène tend à revenir au système pastoral : de plus en plus il abandonne la charrue pour exploiter, au moyen du bétail, les seules ressources qu'offre la végétation spontanée.

La superficie des terres possédées par les Indigènes est tombée de 419,893 hectares en 1867-69, à 380,949 hectares en 1897, soit une différence en moins de près de 39,000 hectares, qui ont été prélevés, dans les meilleures régions, par la colonisation. Il s'en suit qu'en laissant de côté les terres cédées par les Indigènes aux Européens, on compte, dans une contrée naturellement peu fertile, à peine 3 hectares 1/5 par tête d'Indigène, tandis que le rapport de la population agricole européenne, en Algérie, à la superficie des terres qu'elle possède, est de 7 hectares pour un individu.

Il est bon, à ce sujet, de remarquer que, si une population relativement nombreuse parvient encore à vivre misérablement, il est vrai, sur une étendue de terre aussi faible, ce résultat, loin d'être dû à la perfection des procédés agricoles et à l'intensité de la culture, n'est obtenu que grâce à l'extrême sobriété de cette population dont les besoins les plus impérieux sont à peine satisfaits. Il faut observer, en outre, que dans la vallée du Chéliff, région à culture extensive, les Indigènes, en compensation des terres qu'ils n'ont plus, n'ont bénéficié que dans une bien faible mesure des salaires que la culture européenne, surtout dans les centres viticoles et à culture intensive, paie à la main-d'œuvre et auxquels les Indigènes participent, salaires qui, annuellement, atteignent, pour toute l'Algérie, le chiffre considérable de 35 à 40 millions de francs.

Malgré la diminution de la richesse, les impôts ont augmenté. Leur chiffre s'est élevé de 404,823 fr. à 526,502 francs. Si l'on ne tient compte que des tribus pour lesquelles on possède le chiffre des impôts payés aux deux périodes de 1866-69 et de 1897, on voit que l'impôt, par tête, était dans la première période de 5 fr. 53 et qu'il est aujourd'hui de 6 fr. 09.

Si faible qu'il soit, d'une manière absolue, l'impôt n'en constitue pas moins une charge très lourde, si l'on considère qu'il représente une part importante des ressources totales dont dispose en moyenne chaque indigène.

Ajoutons à ces charges d'autres causes d'appauvrissement : l'usure qui sévit avec d'autant plus d'intensité que le pays est plus malheureux, la constitution de grands domaines, véritables *latifundia*, dont la formation a été facilitée par la substitution de la propriété individuelle à la propriété collective et a eu pour effet d'augmenter le nombre des métayers (khammès) en diminuant celui des cultivateurs propriétaires (fellahs). Il faudrait aussi noter qu'avec les grandes familles a disparu l'action dirigeante, souvent bienfaisante. que celles-ci exerçaient sur la masse des populations indigènes qu'elles étaient tenues moralement d'aider et de secourir dans les circonstances malheureuses. Mais ces questions, n'étant ni d'ordre agricole, ni spéciales à la région du Chéliff, il n'y a pas lieu de les développer ici.

CLIMATOLOGIE DU CHÉLIFF. — RÔLE DES CULTURES ARBUSTIVES.

La plaine du Chéliff est considérée comme l'une des régions de l'Algérie les plus déshéritées de la nature. Insuffisance ou mauvaise répartition des chutes pluviales, insolation ardente avec des élévations de température insupportables pour les hommes et les animaux, abaissements thermiques accentués en hiver, oueds tour à tour à sec ou transformés en torrents impétueux, étendues illimitées sans végétation arbustive, tels sont les traits caractéristiques de cette région qui la font ressembler, certaines années, aux steppes du Sud oranais, et que l'on a parfois comparée à un lambeau du Sahara recouvrant une partie du Tell.

Et, cependant, les terres de la plaine sont profondes et formées d'alluvions fertiles quand elles sont suffisamment arrosées. Difficiles à travailler, parce qu'elles sont, en général, de nature argileuse, elles se fendillent profondément sous l'action du soleil ; mais bien labourées et bien binées. quand elles ont été gorgées d'eau en hiver, elles conservent dans leur sous-sol assez d'humidité pour le complet développement des plantes.

D'après l'*Essai de climatologie algérienne* de M. Thévenet, directeur du Service météorologique, la moyenne annuelle des pluies atteint, à Orléansville, 442 millimètres. Cette moyenne est supérieure à celle de Bel-Abbès (398 millimètres), région qui, cependant, peut être considérée comme l'une des plus fertiles de l'Algérie.

Nous avons réuni dans un tableau [1] les quantités de pluie qui tombent annuellement, pendant la saison agricole, c'est-à-dire de septembre à la fin du mois d'août suivant, à Orléansville, à Saint-Denis-du-Sig, à l'Hillil, à Saint-Cyprien des Attafs et à Relizane.

On voit que ces quantités varient, pour Orléansville par exemple, entre 21 et 76 centimètres, et que les années les plus pluvieuses

---

(1) Pages 118 et suivantes : ce tableau présente certaines lacunes qui n'ont pas permis d'établir toutes les moyennes de pluie.

ne sont pas toujours les meilleures au point de vue agricole. Ce qui importe le plus, en effet, ce n'est pas l'abondance des chutes pluviales, c'est une bonne répartition de celles-ci qui permette aux plantes et particulièrement aux céréales, de se développer réguliè· rement depuis les ensemencements jusqu'à la maturité, sans arrêt de végétation par suite de la dessication hâtive du sol.

Trop souvent, faute d'eau au commencement de l'année, les labours sont empêchés et les ensemencements compromis : trop souvent des périodes de sécheresse, survenant après une levée régulière des céréales, viennent détruire les espérances que celle-ci avait fait concevoir.

Dans ces régions, 300 millimètres d'eau bien répartis sur des terres bien travaillées valent mieux et assurent de plus beaux rendements en blé, en orge, que 600 millimètres qui, mal distribués, ne donneraient qu'une récolte médiocre ou même mauvaise.

La pluviométrie insuffisante ou défectueuse est encore aggravée par les variations excessives du thermomètre [1].

Si l'on ne considère que les moyennes mensuelles, on voit qu'à Orléansville elles varient entre 7°7 pour le mois le plus froid (janvier) et 26°7 pour le mois le plus chaud (juillet). Il semblerait que ce sont là des conditions de chaleur tout particulièrement favorables à une végétation vigoureuse et même à une implantation des espèces végétales des pays tropicaux. Il n'en est rien, car ces moyennes cachent des écarts météorologiques considérables, nuisibles à la végétation des plantes.

En effet, la moyenne des maxima absolus atteint, à Orléansville, 46°1 et, à Saint-Cyprien des Attafs, 46°0 avec des maxima de 50 et 48°8 pour ces deux stations. A Sidi-Bel-Abbès, cette moyenne est de 40°8 avec un maximum extrême de 46°.

La moyenne des minima absolus est de −2°8 pour Orléansville et de —2°1 pour Saint-Cyprien des Attafs, avec des minima extrêmes de —9° pour la 1re station et de —5°7 pour la seconde.

Au point de vue de la température, la plaine du Chéliff présente donc les plus grandes analogies avec les steppes du Sud Oranais.

En résumé, l'insolation dans la plaine du Chéliff est excessive en été et la température n'y est pas atténuée par la fraîcheur des nuits, comme sur les Hauts-Plateaux.

L'hiver, il n'est pas rare de voir la température dépasser 20° pendant le jour et tomber au-dessous de zéro la nuit. Souvent les gelées noires ou blanches arrêtent la végétation des plantes les plus résistantes et détruisent celle des espèces moins vigoureuses.

______

[1] Voir pages 46 et 47.

Enfin. l'évaporation est considérable et s'élève à un chiffre qu'atteignent seules les stations de l'Extrême-Sud.

Ces divers points de vue justifient la comparaison qui a été faite entre la plaine du Chéliff et le Sahara dont elle ne serait qu'un lambeau s'avançant jusqu'au bord de la Méditerranée : mais il faut observer que le régime pluvial du Chéliff est tout autre par suite de l'abondance relative des chutes d'eau. qui font défaut dans le Sahara.

Dans son étude de la climatologie de la vallée du Chéliff[1], M. Marès a fait ressortir ces caractéristiques du climat de cette région et indiqué le rôle prépondérant que. dans un pays à pluies irrégulières. doivent jouer les cultures arbustives plus aptes que les autres à résister à la sécheresse.

Ce sont, en effet. les plantes arborescentes qui sont le mieux appropriées au climat de l'Algérie et particulièrement à celui de la plaine du Chéliff et qui. par suite, donnent les récoltes les plus assurées et les plus régulières : ce sont elles qui peuvent le mieux utiliser, pendant la saison sèche. les réserves d'eau qui se sont emmagasinées dans les profondeurs du sous-sol : souvent, c'est pendant les années de sécheresse. quand la récolte des céréales est médiocre ou mauvaise. que la fructification des cultures arbustives est la plus abondante. ce qui établit une certaine compensation. Aussi le développement des cultures arborescentes pourrait-il permettre, dans une certaine mesure, limitée cependant, de rétablir l'équilibre dans la production des matières alimentaires.

Parmi les cultures à propager, il faut citer, en première ligne, le figuier. l'olivier. la vigne. le cactus. le caroubier qui. tous. peuvent prospérer sans irrigation.

On connaît le rôle considérable que joue le figuier dans l'alimentation des Kabyles : la culture de cet arbre serait susceptible d'extension dans les terres profondes. perméables et fraîches naturellement, si elles ne sont pas arrosables. La figue sèche. de conservation facile, constituerait une réserve précieuse.

L'olivier a aussi sa place marquée dans la vallée du Chéliff. Ainsi que le fait remarquer, avec juste raison. M. Marès, il suffirait. pour assurer sa productivité, de bien aménager les eaux d'hiver, d'amener dans les olivettes. situées en terrain déclive, les eaux pluviales qui tombent sur les terres supérieures. d'emmagasiner ces eaux dans le sous-sol et de les y conserver par des façons culturales superficielles pour en faire profiter les arbres pendant la saison sèche.

---

[1] Pages 44 et suivantes.

Le cactus. ou figuier de Barbarie, est la manne, la Providence de la Sicile dont il nourrit les habitants pendant quatre mois de l'année et pour laquelle il est ce qu'est le bananier pour les pays équinoxiaux.

Dans le Nord de l'Afrique, cette plante. dont la fructification est assurée même les années les plus sèches. pourrait jouer un rôle économique plus considérable dans l'alimentation des Indigènes. Aussi y aurait-il lieu d'en propager la culture et de multiplier cette plante précieuse dans toutes les régions où la culture des céréales est aléatoire et de restaurer les jardins de figuiers détruits. en partie, par la gelée de 1891.

Dans les terres profondes. bien défoncées, la vigne présente dans la plaine du Chéliff. même sans irrigation, une végétation vigoureuse : grâce à la siccité de l'air, elle y est peu sujette aux maladies cryptogamiques toujours à redouter dans les vignobles du littoral. Comme plante productive de matière alimentaire, la vigne a sa place marquée dans les stations qui ne sont pas exposées aux gelées tardives de printemps : ce sont surtout les variétés produisant des raisins à sécher qu'il y a lieu de propager.

Pour faciliter le développement de la culture des arbres fruitiers, la Commission a été unanime à reconnaître qu'il était nécessaire de créer une ou plusieurs pépinières de multiplication dont les produits, bien sélectionnés parmi les variétés les plus rustiques, seraient mis. sinon gratuitement au moins à prix très réduits. à la disposition de tous les cultivateurs européens ou indigènes.

AMÉNAGEMENT ET UTILISATION DES EAUX.

Une Commission, composée en majorité d'Ingénieurs, a été chargée, sous la présidence de M. Flamand, Inspecteur Général des Ponts et Chaussées, d'étudier l'aménagement, par barrages, des eaux du Chéliff et de ses affluents. Notre Commission, formée presque exclusivement d'agriculteurs, n'avait pas à s'occuper de cette question qui n'était pas. du reste, de sa compétence : mais elle restait dans son rôle en indiquant quel est, au point de vue agricole, le meilleur emploi qui peut être fait des eaux captées soit pour les irrigations d'hiver, soit pour celles d'été.

Cette importante question a fait l'objet d'un rapport de M. Casanova [1] qui, après avoir décrit les moyens de capter les eaux de ruissellement, d'utiliser les eaux souterraines, insiste sur la pré-

---

[1] Pages 49 et suivantes.

pondérance que doivent avoir les irrigations d'hiver sur celles d'été au point de vue de la production alimentaire fournie, pour la plus grande partie, par les céréales. Ce travail est complété par une note de M. Branlière [1], Ingénieur ordinaire des Ponts et Chaussées, sur les travaux d'aménagement exécutés ou en voie d'exécution dans l'arrondissement d'Orléansville et par une étude de M. Marès [2] sur l'utilisation des eaux de ruissellement.

Dès l'année 1862, un ingénieur des Ponts et Chaussées, M. Aymard, avait été chargé de visiter les grands travaux exécutés dans le midi de l'Espagne, pour l'aménagement des eaux employées aux irrigations. Il était, en effet, naturel de rechercher dans un pays, semblable à l'Algérie par son climat, la nature du sol et le régime de ses cours d'eau, les enseignements utiles pour l'œuvre de mise en valeur du sol algérien.

C'est à partir de cette époque que commencèrent à s'édifier les grands barrages-réservoirs de l'Algérie, dans lesquels étaient emmagasinés, l'hiver, les eaux de pluie destinées aux irrigations d'été.

L'objectif était alors de développer en Algérie, même dans les milieux de culture extensive des céréales, principale et souvent unique production alimentaire, cette culture intensive des *Huertas* caractérisée par le jardinage et l'arboriculture.

Les barrages de dérivation, moins coûteux et aussi moins dangereux que les barrages-réservoirs, ne permettent d'utiliser que les eaux courantes des rivières, eaux souvent très abondantes en hiver, mais réduites presque toujours à un filet d'eau en été.

Dans les terrains en montagne de la vallée du Chéliff, on pourrait, dans bien des cas, multiplier ces barrages-réservoirs à très peu de frais et en se servant des matériaux qui se trouvent sur place.

Dans les oueds qui paraissent à sec, sous un lit de gravier ou de sable, coule souvent même en été, un filet d'eau que l'on peut capter et dériver au profit des cultures. Pour cela il suffirait, souvent, de déblayer le lit de la rivière jusqu'au roc ou jusqu'au terrain imperméable, puis d'élever, au moyen de blocs et de pierres, une muraille que l'on couronne par un tronc d'arbre, placé au niveau du lit de la rivière ou un peu au-dessus. Derrière cette muraille on apporte une certaine quantité de terre argileuse que l'on pilonne et que l'on recouvre de grosses pierres. Cette digue rudimentaire, qui n'exige aucun travail d'art, suffit pour arrêter l'eau, en relever le niveau et permettre son captage. Souvent même, cette digue pourra être

(1) Pages 77 et suivantes.
(2) Pages 61 et suivantes.

établie au moyen de deux rangées de piquets et branchages, entre lesquelles on entassera des pierres et de l'argile. Viennent-elles à être endommagées par une crue, leur restauration se fait facilement et à peu de frais.

Des barrages de dérivation, en maçonnerie, ont été établis par le Service des Ponts et Chaussées sur divers points de la vallée du Chéliff. Mais ces travaux ont eu sutout pour but le captage des eaux d'étiage en vue des irrigations d'été. Or, celles-ci sont limitées par suite du faible débit des rivières en été et ne s'appliquent qu'à des cultures riches susceptibles de donner un rendement en argent considérable, telles que celles de l'oranger, des fourrages artificiels, etc., mais d'ordre secondaire au point de vue de l'alimentation humaine. Dans la plaine du Chéliff, c'est la culture des céréales qui, presque exclusivement, nourrit ses habitants ; c'est donc cette production qu'il importe avant tout de rendre, sinon plus abondante, au moins plus régulière.

Les irrigations d'hiver, possibles sur de très grandes surfaces, en raison du débit considérable des rivières en cette saison, permettraient d'assurer la venue des céréales, même les années de sécheresse, et elles suppléeraient à l'insuffisance des chutes pluviales. Mais la généralisation de la pratique des irrigations d'hiver nécessiterait l'augmentation de la section dans les canaux d'amenée.

Particulièrement pour la vallée du Chéliff, le problème de l'aménagement des eaux ne doit pas être envisagé, comme on l'a fait, au point de vue des irrigations d'été, irrigations nécessairement restreintes à des surfaces très limitées et à des cultures d'importance secondaire, mais la solution qu'il comporte doit être recherchée au point de vue des irrigations d'hiver d'une application plus générale et, par suite, d'un intérêt plus considérable.

Dans une notice sur l'*Aménagement du Chéliff oranais*, publiée récemment par M. Leygue, ancien Ingénieur des Ponts et Chaussées, l'auteur établit que les cultures d'hiver représentent, en chiffres ronds, 93 pour 100 des superficies cultivées et démontre que le but à poursuivre, pour mettre en valeur la plaine du Chéliff, n'est pas le développement des cultures d'été, d'importance toujours relative, mais qu'il s'agit surtout d'assurer la régularité de production des cultures d'hiver qui occupent la presque totalité des terrains mis en valeur et que la sécheresse ruine actuellement dans la proportion de six années sur sept.

D'après le projet établi par M. Leygue, en estimant que le Chéliff, à la hauteur de Charon, débite en hiver, dans la période d'octobre à avril, 6,000 litres à la seconde, et qu'il suffit d'un débit de $0^l,30^c$ à la seconde par hectare pour assurer la réussite d'une culture de céréales, c'est une superficie de plus de 20.000 hectares qui bénéficierait de l'irrigation, tandis que les 1.500 litres à la seconde que débite le Chéliff à l'étiage suffisent à peine à quelques milliers d'hectares.

Dans les ravins au fond desquels les eaux pluviales descendent à la mer sous forme de torrents, on peut établir, de distance en distance, des barrages ou cavaliers construits en pierres sèches ou même, simplement, au moyen de mottes de palmier nain, de souches quelconques. L'eau vient accumuler, en amont des branchages, du sable, des pierres, du terreau et le fond du ravin se trouve ainsi, petit à petit, colmaté, relevé et en partie nivelé.

Ces barrages peuvent aussi être établis au moyen de piquets en saule, de rhizomes de bambous, de roseaux, etc., plantés au travers du lit du ravin. A l'automne, on accumule, en amont, des herbes sèches contre lesquelles les eaux apportent des végétaux de toutes sortes et de la terre. L'année suivante, on augmente la largeur du barrage en plantant, de chaque côté, de nouveaux piquets ou de nouvelles souches de roseaux.

En exécutant ces travaux sur toute la longueur du ravin, de 50 mètres en 50 mètres ou à plus ou moins grande distance, selon la déclivité du terrain, et progressivement en commençant par le bas du ravin pour remonter jusqu'à son origine, on arrive à combler en partie la dépression en la garnissant de terre végétale fertile, susceptible d'être cultivée.

Ces travaux peuvent, toujours, être entrepris avec succès quand la pente générale du ravin ne dépasse pas un centimètre par mètre. Grâce à ce système, les eaux de pluie perdent leur caractère torrentiel et dégradant, et les terres retenues par les barrages successifs constituent un revêtement spongieux qui absorbe les pluies au fur et à mesure de leur chute. Il n'y a plus ruissellement à la surface, mais ces eaux, absorbées par les terres, donnent, en aval, naissance à des sources à débit plus ou moins constant et utilisable. Si cette pratique du colmatage des ravins se généralisait, on arriverait non seulement à gagner des terres fertiles, mais à rendre plus régulier le régime des cours d'eau qui seraient plus faciles à capter et à utiliser pour les besoins de l'agriculture.

Toutefois, dans l'exécution de ces travaux d'aménagement, il est prudent de ne pas perdre de vue le caractère torrentiel des chutes pluviales et de prévoir l'éventualité des crues subites toujours à craindre.

Les eaux de pluie peuvent aussi, dans les terrains en pente, être mieux utilisées en facilitant leur absorption par le sol. On réduit le ruissellement au minimum en retenant ces eaux au moyen de trous ou de fossés, creusés sur les terrains que l'on veut saturer d'eau. On peut aussi creuser, au travers de la pente, des fossés à peu près parallèles entre eux et parfaitement de niveau en rejetant en aval la terre de déblai. Quand arrivent les pluies, les fossés horizontaux arrêtent les eaux qui s'infiltrent dans le sol et le saturent. Cette eau, surtout si la surface du sol est tenue bien ameublie par des binages, constitue une réserve suffisante pour le besoin des plantes pendant la saison sèche.

L'exécution de tous ces travaux n'exige pas l'intervention d'ouvriers d'art; elle peut être confiée à n'importe quelle main-d'œuvre, particulièrement à celle des chantiers de charité, créés les années de disette, et qui ne pourraient être mieux employés qu'à ces travaux productifs, susceptibles d'augmenter rapidement la fertilité du sol et d'assurer, dans l'avenir, la régularité des récoltes.

AMÉLIORATIONS D'ORDRE SIMPLE A INTRODUIRE
DANS LA CULTURE DES INDIGÈNES SANS MODIFICATIONS PROFONDES
DES PROCÉDÉS ACTUELLEMENT EN USAGE.

Tous les agronomes algériens sont d'accord pour reconnaître que les faibles rendements obtenus par les Indigènes dans la culture des céréales, pourraient être augmentés, dans une certaine mesure, et la récolte être toujours à peu près assurée par quelques améliorations élémentaires apportées à leurs procédés culturaux. Presque tous aussi, sont d'avis qu'il n'y a pas lieu de tenter d'introduire chez les Indigènes nos méthodes perfectionnées de culture, inapplicables, du reste, pour eux en raison des faibles moyens d'action dont ils disposent. Mais s'il n'est pas possible de rendre intensive la culture indigène d'essentiellement extensive qu'elle est, on peut tenter, sans rien bouleverser dans l'état actuel des choses, d'améliorer ce qui existe.

L'Indigène n'est pas, du reste, réfractaire au progrès, et, dans certaines régions, il améliore ses procédés de culture quand il se rend compte que c'est son intérêt. Dans la région de Sétif, les Indigènes fermiers de la Compagnie Génevoise, au lieu d'ensemencer chaque année la même terre superficiellement grattée, ont été amenés, sur l'initiative d'un praticien émérite, M. Ryf, à pratiquer l'assolement biennal avec jachère cultivée. La jachère est labourée avec une charrue Brabant double, attelée de six bêtes et, l'année suivante, la terre est ensemencée d'orge ou de blé trié et sulfaté. Dans ces conditions, et grâce à ces seules modifications apportées aux procédés habituels de culture, même dans les années de sécheresse, les récoltes plus ou moins abondantes sont toujours suffisantes pour assurer l'alimentation des cultivateurs et de leurs familles.

Dans les cultures alimentaires secondaires, pois chiches, fèves, lentilles, gesses, etc., un rendement sinon abondant, du moins suffisant, pourrait toujours être assuré, même les années de sécheresse, si, par des binages répétés, l'Indigène se donnait la peine de conserver dans le sous-sol l'humidité nécessaire à l'évolution de la plante.

Faites dans ces conditions, ces cultures ne manqueraient jamais par suite de la sécheresse.

Si chaque famille indigène, fait observer M. Ryf, s'occupait à cultiver une parcelle de terre de un demi hectare à un hectare en pois, lentilles, vesces, etc., au lieu de passer les trois quarts de l'année dans une inaction complète, elle ne serait pas réduite à mourir de faim, à mendier ou à voler, à la fin de l'hiver et au printemps, quand sa petite provision de grains est épuisée.

Dans son rapport spécial, M. Godard [1], directeur du Domaine de l'Habra, expose les améliorations qui pourraient être introduites dans l'outillage et les procédés culturaux des Indigènes dont, par sa situation, il est tout particulièrement à même de saisir les défectuosités. L'honorable rapporteur préconise la substitution de l'araire à la charrue indigène, de la faux à la faucille, de manière à récolter plus de paille ; il recommande la culture des céréales sur jachère cultivée, ou, au moins, sur une terre ayant été déchaumée à la fin de l'été ; il conseille l'utilisation des matières fertilisantes accumulées autour des douars, l'emploi des semences indigènes bien nourries à l'exclusion des variétés étrangères, etc.

C'est aux moniteurs indigènes, dont l'institution a été décidée en principe, qu'il appartient de tenter d'introduire les réformes proposées pour l'amélioration de l'agriculture indigène.

Au sujet de la charrue française, il est peut-être opportun de faire remarquer qu'elle est déjà employée, dans la plaine du Chéliff, par nombre de cultivateurs indigènes. Si elle n'est pas encore utilisée d'avantage, c'est qu'elle est d'un prix relativement élevé et le plus souvent inabordable pour ces populations agricoles entièrement dénuées de ressources. Les membres indigènes de la Commission ont fait observer que, si l'Administration voulait bien distribuer gratuitement quelques charrues, dans la plaine d'Orléansville, elles seraient reçues avec reconnaissance par les Indigènes et substituées aux outils primitifs dont ils se servent.

---

[1] Pages 83 et suivantes.

Lors du concours qui a eu lieu récemment à Maison-Carrée pour le choix d'une charrue appropriée à la culture indigène, le jury que j'eus l'honneur de présider a reconnu que, grâce aux progrès réalisés par la construction mécanique, il n'était plus impossible de trouver une type de charrue à bon marché, n'exigeant pas un effort de traction plus considérable que l'araire indigène, tout en effectuant un aussi bon travail que les charrues ordinaires employées par les colons français. Plusieurs types de charrues répondant à ces desiderata seront mis sous peu à l'essai en pays indigène.

Toutefois, l'introduction d'une charrue plus puissante devrait être restreinte aux terrains de plaine. Dans les parties déclives, avec cette charrue, l'Indigène finirait par faire disparaître ou par détruire en partie cette végétation spontanée formée de diss, de palmiers, de jujubiers, de lentisques, d'artichauts sauvages et en général toute cette broussaille qui constitue un revêtement du sol le défendant contre les érosions et empêchant sa prompte dénudation sous l'action des eaux pluviales.

Sur les versants inclinés des montagnes et des côteaux, la charrue indigène a contribué, sur certains points, à dégarnir le roc de la faible couche de terre qui le recouvrait ; un instrument plus puissant ferait plus de mal encore.

J'ai eu l'honneur de vous adresser un rapport circonstancié sur le rôle des moniteurs chargés de vulgariser chez les Indigènes les bonnes méthodes de culture, et sur la manière dont ils doivent s'acquitter de cette mission. Étant donné l'attachement de l'Indigène à ses traditions culturales, j'estime, comme M. Godard, que ce n'est pas par de simples conseils que ces moniteurs pourront exercer une influence marquée sur la culture indigène ; il sera nécessaire de leur assurer des moyens d'action plus efficaces.

CULTURES ALIMENTAIRES SECONDAIRES ET CULTURES HORTICOLES.

Bien que les céréales constituent la base de l'alimentation des Indigènes et soient souvent leur seule nourriture, les cultures sarclées de pois, de fèves, de lentilles, etc., fourniraient une masse alimentaire considérable si elles étaient plus répandues. Avec quelques soins et surtout des binages, le succès de ces cultures serait toujours plus ou moins assuré, même les années de sécheresse.

Dans un rapport spécial, M. Trabut[1], directeur du Service Bota-

---

(1) Pages 88 et suivantes.

nique, indique les cultures secondaires qui, selon lui, pourraient recevoir une certaine extension ou être propagées dans la plaine du Chéliff.

RESSOURCES ALIMENTAIRES NATURELLES.

Les productions spontanées du sol jouent dans la vie de l'Indigène un rôle des plus considérables. Ne demandant à la terre, en fait de produits cultivés, que ce qu'elle peut donner avec le minimum d'efforts, l'Arabe s'est ingénié à tirer parti de tout ce que la terre lui offre gratuitement. Dans les années de disette, le cœur du palmier nain est utilisé comme aliment; les bourgeons et les inflorescences d'un grand nombre de plantes, Borraginées, Composées, Polygonées, Chenopodées, etc., sont employés, cuits ou crus, pour le même usage. Dans certaines régions, quand la récolte des céréales a manqué, les artichauts sauvages constituent une précieuse ressource, toujours assurée. Les feuilles du palmier nain servent à faire des cordes et des objets de vannerie ; livrées aux usines de crin végétal, elles permettent aux Indigènes de réaliser quelque argent. Le diss fournit au printemps, par ses jeunes pousses, une nourriture au bétail et ses feuilles sèches forment la couverture du gourbi. Le jujubier épineux, le cactus dressent, autour de l'habitation et du parc à bétail, une barrière infranchissable et protectrice contre les maraudeurs et les animaux malfaisants. En passant en revue toutes les productions naturelles du sol, on voit que l'Indigène a su en tirer parti et que, par conséquent, il y a lieu de les ménager dans une certaine mesure.

M. Vermeil[1], professeur départemental d'Agriculture d'Oran, s'est chargé, dans un rapport spécial, d'indiquer quelles sont, dans la vallée du Chéliff, les industries secondaires intéressant l'agriculture. Il a fait un exposé des ressources alimentaires naturelles que présente cette région et précisé le rôle que doivent jouer les branches secondaires de la production telles que l'apiculture et l'élevage du menu bétail.

La question de l'élevage du bétail [2] dans la plaine du Chéliff et celle de son alimentation[3] ont été traitées par deux praticiens, MM. Thirion et Samson, dont les sages conseils sont à retenir en raison de la compétence particulière de leurs auteurs.

Enfin, examinant les moyens d'exécution à employer, M. Casa-

---

(1) Pages 91 et suivantes.
(2) Pages 106 et suivantes.
(3) Pages 101 et suivantes.

nova a indiqué quelle est la mission qui doit, selon lui, incomber aux Pouvoirs Publics dans la mise en valeur de la plaine du Chéliff [1]. D'après l'honorable rapporteur, toute amélioration dans la situation agricole du Chéliff, même celles qui émaneraient de l'initiative privée, est subordonnée à cette condition qu'on assurera à cette région la sécurité, des facilités de communication et de l'eau d'irrigation.

Les rapports précités forment un ensemble de documents qui constituent une étude complète et documentée de la vallée du Chéliff au point de vue de ses ressources et des moyens de la mettre en valeur. Ils sont, à la fois, une œuvre collective de la Commission qui, dans ses multiples réunions, échangea, devant les rapporteurs, ses vues sur les points les plus importants, et l'œuvre individuelle de chacun des auteurs qui fut laissé libre d'exposer ses idées personnelles et de formuler tous les avis ou conseils qu'il jugerait utiles.

Ces rapports ont été approuvés, dans leurs grandes lignes, par la Commission : mais celle-ci, dans l'impossibilité où elle se trouvait de discuter chacune des propositions exprimées, dont beaucoup, du reste, ont plutôt le caractère d'avis et de conseils non susceptibles d'une sanction administrative, chargea un rapporteur général, M. Marès, de relever, dans les différents rapports, les propositions ayant un intérêt plus général et d'une plus grande portée au point de vue de la mise en valeur de la plaine du Chéliff [2].

Ces vœux adoptés, après discussion, par la Commission sont les suivants :

> 1° *Que les travaux d'irrigation étudiés ou entrepris par le Service des Ponts et Chaussées soient rapidement exécutés ou achevés ;*
>
> 2° *Que la section, l'assiette et la pente des canaux soient établies de telle façon que ces derniers puissent recevoir et transporter, en vue des irrigations d'hiver, la quantité d'eau moyenne débitée par les rivières pendant la saison hivernale, en tant que ces quantités n'excèdent pas les besoins ;*
>
> 3° *Que dans une proportion à déterminer, la main-d'œuvre des chantiers de charité ou celle qui serait disponible par suite de transactions forestières, la main-d'œuvre pénitentiaire soient employées à exécuter des travaux sommaires de retenue en montagne, pour régulariser le débit des cours d'eau ;*

---

(1) Pages 109 et suivantes.
(2) Pages 157 et suivantes.

4º Que le calcul de la taxe à payer pour les eaux d'irrigation ne soit pas basé sur le prix de revient pour l'État du mètre cube d'eau, mais sur le bénéfice probable que les usagers peuvent, dans les conditions actuelles, tirer de l'utilisation de ces eaux ;

5º Qu'un champ d'études et surtout de démonstrations pratiques agricoles soit créé à Orléansville, avec une pépinière pour y rechercher et y multiplier les arbres fruitiers nécessaires aux plantations à créer dans la vallée du Chéliff ;

6º Que les plantations fruitières, exécutées par les particuliers, soient encouragées par des primes et que les plantations communales bénéficient de subventions ;

7º Que les quatrièmes journées de prestation soient spécialement affectées à la création, à l'entretien et à l'élargissement des chemins de tribus ;

8º Que le Gouvernement prenne toutes dispositions utiles pour assurer la sécurité des biens et particulièrement celle des récoltes et du bétail.

En terminant et pour me conformer au désir exprimé par la commission, je crois devoir, Monsieur le Gouverneur Général, vous prier de vouloir bien faire imprimer les travaux de la Commission, travaux qu'il conviendrait de publier et de porter à la connaissance des intéressés.

En vous remettant ces rapports, j'ai à remplir un devoir qui m'incombe en ma qualité de Président et dont je suis heureux de m'acquitter : c'est de vous signaler le zèle avec lequel mes honorables collègues ont rempli leur mission et de rendre hommage à la haute compétence dont ils ont fait preuve.

Puisse le travail de la Commission répondre au programme tracé par le Conseil Supérieur de l'Algérie et être de quelque utilité à cette Haute Assemblée pour l'accomplissement de la tâche qu'elle s'est imposée, d'assurer la prospérité de l'Algérie par le développement progressif de l'agriculture européenne et indigène.

Je suis, avec respect, Monsieur le Gouverneur Général, votre tout dévoué serviteur.

L'Inspecteur de l'Agriculture de l'Algérie,
Président de la Commission,

H. LECQ.

Régions du Chéliff particulièrement éprouvées par la sécheresse. — Variations de la population. — Variations du cheptel. — Historique des centres de colonisation compris dans la zone habituellement éprouvée par la sécheresse. — Voies de communication des tribus avec les routes, centres, chemins de fer, marchés, etc.

OBSERVATION PRÉALABLE. — Le Rapporteur déclare ne pouvoir donner de renseignements que pour la partie comprise dans l'arrondissement d'Orléansville. MM. les Sous-Préfets de Miliana et de Mostaganem pouvant, plus sûrement que leur collègue soussigné, éclairer la Commission sur les mêmes questions en ce qui concerne les territoires placés sous leur administration.

Régions de la vallée du Chéliff qui sont le plus habituellement éprouvées par la sécheresse.

1° Pays de plaine; 2° Pays de montagne.

La population agricole d'une grande partie de l'arrondissement d'Orléansville a souvent à souffrir des épreuves qu'elle a subies en 1896, après une série cruelle de cinq années, au cours desquelles les cultivateurs européens et indigènes n'ont eu que des récoltes nulles ou insignifiantes. Le régime capricieux des pluies le veut ainsi dans une région ordinairement desséchée et dont le sol, d'une richesse remarquable sous le rapport des alluvions qui en forment le principal élément, est susceptible de donner les meilleures récoltes, pour peu que l'eau du ciel ne lui fasse pas défaut et que les pluies tombent aux époques propices.

Le territoire des plaines et des parties mamelonnées de la plaine du Chéliff offre sous ce rapport certaines analogies avec celui de la Medjana, du Hodna et des Angad du Maroc. La masse orographique du pays et la couronne montagneuse qui forme les limites du bassin appartiennent plutôt à la catégorie des ondulations qu'à celle des montagnes proprement dites. La moyenne des altitudes est relativement faible et les superficies qui séparent les massifs les plus apparents sont telles, que ceux-ci ne suffisent presque jamais à retenir les nuages dans des conditions de fixité et de régularité capables de centraliser les eaux sur les surfaces qu'ils entourent en les dominant insuffisamment.

Ces conditions, jointes au défaut presque absolu de cultures, de boisements et d'emmagasinage des eaux pluviales sur les pentes de la couronne orographique du bassin du Chéliff, concourent à rendre assez rares les années de bon rendement, et, lorsqu'on a la bonne fortune d'en compter une, il se trouve qu'elle a été bonne également pour toutes les autres parties du Tell Algérien et que les prix du cours sont incapables de relever le bénéfice de la production, au point de faire qu'une heureuse campagne agricole puisse compenser les pertes des campagnes précédentes. Ce régime est si difficile à définir que les propriétaires les plus expérimentés en sont encore, sous le rapport de l'utilisation de leur sol, à la période d'études et de recherches. Entre le mois d'avril et le mois d'octobre, les écarts de la température varient à l'excès : une période normale est brusquement suivie d'une ou plusieurs journées d'excessive chaleur ; la germination, la floraison, la montée de la sève, sont souvent heurtées par une élévation thermométrique de 30 à 45 degrés et parfois davantage, et nul ne sait encore bien exactement ni à quelle époque il est plus sûr de confier la semence à la terre ni à quelles espèces de cultures il est préférable de demander les éléments de la production la plus capable de résister aux cruelles surprises d'un climat aussi sec, aussi chaud, aussi déconcertant.

C'est à cet ensemble de causes d'insuccès que la partie de la vallée du Chéliff, comprise dans l'arrondissement d'Orléansville, doit aujourd'hui la situation si difficile qui est faite à sa population agricole, aux Indigènes comme aux Européens. La campagne de 1891-1892 a été nulle ; c'est au mois d'octobre 1892 que s'est produit le commencement d'une famine qui rappelait celle de 1867. L'hiver 1892-1893 a été consacré par l'Administration à conjurer les désastres que la misère générale du pays faisait redouter et, du mois d'octobre 1892 au mois de mai 1893, les populations n'ont, pour ainsi dire, vécu que de secours. En 1892, les Européens et les Indigènes avaient reçu des prêts de semences. La récolte suivante fut médiocre presque partout et nulle pour le surplus. Quoiqu'amoindrie, la famine persista ; des chantiers de secours furent organisés ou maintenus. Le printemps de 1894 s'annonça bien et marqua la fin de la famine. La récolte suivante fut celle d'une année moyenne, mais le prix de vente du blé tomba à 12 fr. 50 et 13 fr.

le quintal et l'on n'eut que la ressource d'un relatif approvisionnement en nature de blé et d'orge, sans pouvoir en tirer un profit
suffisant sous le rapport de la conversion en numéraire. On n'eut
pas, cependant, dans cette dernière phase des épreuves du pays,
l'obligation de vendre le bétail.

En 1894-1895, la récolte fut bonne pour l'Oued-Fodda et Charon,
nulle pour Orléansville, médiocre pour toutes les autres communes. Le rendement moyen pour le territoire dépendant de la
commune chef-lieu fut alors le deux ou le trois !

Au cours de cette longue période, les années se sont donc
succédées, sans que jamais se produise une compensation de l'une
à l'autre et sans qu'il fût permis de faire des réserves pour l'avenir.

C'est ainsi que s'inaugura la campagne agricole de 1895-1896, au
début de laquelle la persistance de la sécheresse arrêta la végétation des céréales. Au mois d'avril, les cultures étaient perdues. Au
mois de mai, les pâturages et les communaux de parcours étaient
desséchés. Ainsi s'évanouissaient une fois de plus les espérances
que pouvaient donner les cultures de toute nature et la ressource
habituelle du bétail. Le désastre ne fut pas cependant général :
il atteignit plus particulièrement les populations européennes et
indigènes des parties « plaine » des communes d'Orléansville, de
Charon, de l'Oued-Fodda et de la commune mixte du Chéliff. Il se
fit ressentir, en outre, mais avec une intensité moindre, sur des
points isolés des autres communes de l'arrondissement. Mais
partout où on en éprouva les effets, la souffrance fut plus accen-
tuée que peut-être jamais à aucune autre époque.

Il sera peut-être utile que la Commission m'autorise ici à sortir
des considérations générales pour aborder l'examen de la situation
économique qui est faite à chacune des neuf communes de
l'arrondissement.

COMMUNE DE PLEIN EXERCICE D'ORLÉANSVILLE.

Dans la partie la plus éprouvée, la commune de plein exercice
d'Orléansville occupe une situation particulière et qui, par exception, lui permet d'opposer assez de résistance à l'insuffisance de
ses productions agricoles. Les troupes et les fonctionnaires y font
annuellement, pour leur consommation et pour leur entretien, une
dépense moyenne de quinze cent mille francs qui forme la recette
et la principale ressource de la population commerciale, indus-
trielle et agricole de cette unité communale. Ce dernier élément,
Indigènes compris, se partage la propriété rurale qui, si les années
étaient seulement de rendement moyen, lui assurerait, par la vente

de ses produits, une recette d'environ 750.000 fr. par an provenant de toutes récoltes. Mais alors même que cette ressource lui fait le plus souvent défaut, cet élément peut lutter grâce à l'appoint artificiel que lui procurent la consommation locale et les besoins de la garnison et des employés ou fonctionnaires civils. La population musulmane d'Orléansville comprend de quinze à seize cents vieillards, femmes et enfants qui ne possèdent absolument rien, ni terre, ni bétail et qui vivent d'expédients ou en se livrant à la prostitution.

COMMUNE DE PLEIN EXERCICE DE CHARON.

La récolte a été assez bonne en 1897, mais en 1896, elle avait été nulle dans tout le territoire de la commune de Charon, aussi bien pour les Européens que pour les Indigènes.

Les céréales avaient séché sur pied. En même temps que la récolte était anéantie, les terres de parcours et les pâturages s'étaient desséchés au point que partout on a dû se débarrasser du bétail pour le vendre à n'importe quel prix. Les troupeaux des Européens et des Indigènes ne trouvaient plus de nourriture sur un sol absolument dénudé. L'épreuve n'avait jamais été aussi dure ni aussi brusque. La population engagée déjà par des dettes hypothécaires ou mobilières n'avait même plus la ressource du crédit pour se procurer les semences nécessaires aux labours suivants. La commune de Charon, malgré les résultats moyens de la récolte de 1897, est encore et pour longtemps sous le coup des désastres précédents.

COMMUNE DE PLEIN EXERCICE DE L'OUED-FODDA.

La situation économique est, dans cette commune, absolument la même que dans celle de Charon, avec cette différence qu'un certain nombre de fonctionnaires de divers services et de propriétaires aisés donnent à la localité un aspect de relative aisance qui n'est réelle que pour une minorité d'habitants.

COMMUNE MIXTE DU CHÉLIFF.

Cette commune mixte a souffert des mêmes maux que les communes d'Orléansville, de Charon et de l'Oued-Fodda. Les villages de Lamartine, Malakoff, Warnier et Masséna qui en dépendent et la grande majorité des Indigènes qui forment la population de ses douars, subiront encore longtemps les effets de cinq années mauvaises que les résultats moyens de la récolte de 1897 n'ont point compensés.

COMMUNE MIXTE DE L'OUARSENIS.

On n'y a fait aucun essai de colonisation. La situation des indigènes est généralement bonne. Les effets de la sécheresse ont été localisés dans quelques rares fractions. On ne compte dans cette commune que 75 individus dans l'impossibilité de demander au travail leurs moyens d'existence et dont la misère permanente est due à d'autres causes que la sécheresse.

COMMUNE DE PLEIN EXERCICE DE TÉNÈS.

Dix Européens seulement se livrent, dans la commune de Ténès, à la culture des céréales et d'une manière satisfaisante. On n'y compte que deux cents Indigènes qui n'ont aucun moyen d'existence.

COMMUNE DE PLEIN EXERCICE DE CAVAIGNAC.

La situation économique de cette commune se ressent partiellement de l'insuccès des cinq campagnes agricoles antérieures à celle de 1897. On n'y compte que trois cultivateurs européens et dix cultivateurs indigènes qui, pour des causes diverses, mais étrangères à la question qui nous occupe, ne peuvent demander au travail leurs moyens d'existence. En outre, sept familles européennes et trente-sept familles indigènes y ont été ruinées par les mauvaises années.

COMMUNE DE PLEIN EXERCICE DE MONTENOTTE.

La situation y est à peu près la même que dans la commune de Cavaignac. On y compte une quinzaine d'habitants européens et environ cinquante cultivateurs indigènes qui, pour des causes diverses, ne peuvent travailler pour vivre. Les autres cultivateurs européens ont fait leurs réserves de semences et ont travaillé dans les chantiers ouverts par l'Administration. Cette commune accuse une centaine d'Indigènes ruinés par les mauvaises récoltes des années précédentes.

COMMUNE MIXTE DE TÉNÈS.

Cette commune mixte a été très peu éprouvée. Seuls les douars Heumis et Bagdoura se sont ressentis en 1896 de l'insuffisance des récoltes.

En ce qui concerne les colons des trois centres européens de Rabelais, Flatters et Trois-Palmiers, la situation générale est assez bonne. Le centre de Flatters, en particulier, est le seul — détail à noter — de tout l'arrondissement au profit duquel le Comptoir d'Escompte hésite le moins à consentir des avances. Le centre des Trois-Palmiers n'est plus habité que par quelques familles qui ont concentré entre leurs mains la propriété du lotissement primitif. Ces familles sont dans une aisance relative. Les colons de Rabelais se soutiennent en augmentant le produit de leurs terres du prix des journées qu'ils gagnent sur des chantiers publics ou privés. La récolte, dans la commune mixte de Ténès, peut habituellement être considérée comme suffisante.

De tout ce qui précède, il convient de retenir que les territoires de l'arrondissement d'Orléansville, les moins éprouvés par la sécheresse, sont compris :

1º *Au Nord.* — Entre la mer et la ligne qui traverserait l'arrondissement de l'Ouest à l'Est en passant par Rabelais, Warnier et Carnot ;

2º *Au Sud.* — Entre : 1º la ligne qui, allant de Masséna à Lamartine, traverserait l'arrondissement également de l'Ouest à l'Est : 2º nos limites occidentales avec le département d'Oran et orientales avec la commune mixte de Teniet-el-Haâd (arrondissement de Miliana).

C'est entre ces deux zones, relativement privilégiées, que s'étend la partie de l'arrondissement et de la vallée proprement dite du Chéliff qui est le plus habituellement éprouvée par la sécheresse et qui comprend :

1º La commune de plein exercice d'Orléansville ;
2º La commune mixte du Chéliff ;
3º La commune de Charon ;
4º La commune de l'Oued-Fodda.

Le relief orographique de ces quatre communes est moins accusé que dans les cinq autres, dont quatre au Nord et une au Sud (Ouarsenis mixte). On est, dans cette zone intermédiaire, en plein bassin du Chéliff, en plaines à ondulations montagneuses de faible relief, dépourvues d'arbres, déchirées et ridées par les ruissellements et les ravinements qu'aucune protection naturelle ou artificielle n'arrête et n'a sans doute jamais arrêtés. Cette zone, traversée par le chemin de fer d'Alger à Oran, produit sur le voyageur une impression pénible. Il faut être familiarisé avec les conditions générales de ce pays, pour savoir que la richesse de son sol ne le cède en rien à celle de la Mitidja et des fertiles contrées que l'on traverse en allant d'Inkermann à Oran. Il faut l'avoir parcouru pour apprécier les transformations qu'il est susceptible de subir avec de la méthode et de l'esprit de suite. Les environs de Malakoff, d'Orléansville et de Lamartine n'étaient-ils pas aussi dénudés que le reste du pays, lorsque nos soldats ont, pour la première fois, il y a quelque cinquante ans, planté leurs tentes sur notre territoire ? Le concours de l'Etat, celui des communes et, de la part de ces dernières, la continuité d'un programme de plantations a su pourtant résoudre partiellement le problème. Les magnifiques plantations routières, trop rares malheureusement, qui s'échelonnent dans diverses directions, autour d'Orléansville et sur quelques parties de notre réseau de grands chemins, ne sont-elles pas l'indice que le génie de l'homme peut triompher des difficultés que lui oppose ici le climat ?

Les territoires des quatre communes comprises dans la zone habituellement éprouvée par la sécheresse bénéficieront d'un régime de pluies répondant à leurs besoins, le jour où l'Etat et les particuliers s'entendront sur leur concours réciproque et sur les obligations qui devront leur être imposées en vue d'une amélioration toute d'intérêt public.

C'est ainsi qu'il faudrait que les plus grandes superficies fussent mises en produit, aussi bien en plaine que dans les parties mamelonnées ou quasi-montagneuses qui forment la ceinture du bassin et, que ces dernières, par cultures, par reboisement et par captages des ruissellements, soient mises en état de conserver l'eau du ciel pour donner naissance à des végétaux protecteurs.

Il est malheureusement bien certain que l'action des particuliers sera, en ceci, d'un bien faible appoint : l'Européen, le plus riche et le plus industrieux, n'est pas en nombre suffisant, et l'Indigène, le plus nombreux et le plus difficile à initier à ces choses, est le plus souvent trop pauvre pour qu'on puisse espérer non seulement qu'il fera jamais d'essais sérieux de plantations, mais même qu'il étendra les cultures avec lesquelles il est le plus familiarisé.

Variations du cheptel.

Le rapporteur expose qu'il a dressé et annexé à la présente étude un tableau donnant pour chacune des années comprises de 1880 à 1897, la statistique des animaux recensés au titre européen et au titre indigène. Les chiffres sont rigoureusement ceux des statistiques agricoles, modifiés annuellement suivant les changements qui se sont produits dans les circonscriptions, par suite de suppressions, érections, etc., de communes. La statistique présentée par ce tableau est celle du bétail et des charrues possédés par la population du territoire de la zone étudiée sous quelque nom que les communes se soient présentées de 1880 à 1897 [1].

EXAMEN DES CAUSES D'AUGMENTATION OU DE DIMINUTION DE 1880 A 1897.

Cette longue période présente trois phases principales qui donnent sensiblement les mêmes résultats pour les Européens et pour les Indigènes.

1re Phase comprenant les années 1881 et 1882. — La récolte a manqué en 1880. L'année agricole a été passable en 1881 et en 1882, mais insuffisante sous le rapport du rendement qui n'a pas permis de se relever des épreuves subies en 1880. Le bétail est partout en diminution par rapport à ce qu'il était en 1880.

2e Phase comprenant les années 1883, 1884, 1885, 1886, 1887, 1888, 1889 et 1890. — Les récoltes sont successivement, et sans interruption, bonnes et assez bonnes. On est en présence d'une heureuse série de huit années donnant du rendement en céréales et en pâturages. C'est en *1890 que la statistique du bétail des Européens et Indigènes donne les résultats les plus élevés de toute la période de 1880 à 1897*.

Pour la commodité de l'étude, on rappelle ci-après les chiffres du tableau annexé pour les périodes 1883 et 1890 dont on fera plus facilement la comparaison :

---

[1] Voir le tableau ci-annexé.

Variations du cheptel.

Le rapporteur expose qu'il a dressé et annexé à la présente étude un tableau donnant pour chacune des années comprises de 1880 à 1897, la statistique des animaux recensés au titre européen et au titre indigène. Les chiffres sont rigoureusement ceux des statistiques agricoles, modifiés annuellement suivant les changements qui se sont produits dans les circonscriptions, par suite de suppressions, érections, etc., de communes. La statistique présentée par ce tableau est celle du bétail et des charrues possédés par la population du territoire de la zone étudiée sous quelque nom que les communes se soient présentées de 1880 à 1897 [1].

EXAMEN DES CAUSES D'AUGMENTATION OU DE DIMINUTION DE 1880 A 1897.

Cette longue période présente trois phases principales qui donnent sensiblement les mêmes résultats pour les Européens et pour les Indigènes.

1re Phase comprenant les années 1881 et 1882. — La récolte a manqué en 1880. L'année agricole a été passable en 1881 et en 1882, mais insuffisante sous le rapport du rendement qui n'a pas permis de se relever des épreuves subies en 1880. Le bétail est partout en diminution par rapport à ce qu'il était en 1880.

2e Phase comprenant les années 1883, 1884, 1885, 1886, 1887, 1888, 1889 et 1890. — Les récoltes sont successivement, et sans interruption, bonnes et assez bonnes. On est en présence d'une heureuse série de huit années donnant du rendement en céréales et en pâturages. C'est en *1890* que la *statistique du bétail* des Européens et Indigènes donne les *résultats les plus élevés de toute la période de 1880 à 1897.*

Pour la commodité de l'étude, on rappelle ci-après les chiffres du tableau annexé pour les périodes 1883 et 1890 dont on fera plus facilement la comparaison :

---

(1) Voir le tableau ci-annexé.

BLEAU de la population, du bétail et des charrues, de 1881 à 1897, dans la zone de l'arrondissement le plus habituellement éprouvé par la sécheresse.

Colonnes : **COMMUNES** ; **VARIATIONS DE LA POPULATION** (Française, Étrangers, Israélites, Musulmans, TOTAL) ; **VARIATIONS DU CHEPTEL — DES EUROPÉENS. — ESPÈCES** (Chevaline, Mulassière, Asine, Bovine, Avine, Caprine, Porcine, Nombre de charrues) ; **DES INDIGÈNES. — ESPÈCES** (Chevaline, Mulassière, Asine, Bovine, Ovine, Caprine, Nombre de charrues) ; **OBSERVATIONS**.

COMMUNES	Française	Étrangers	Israélites	Musulmans	TOTAL	Eur. Chevaline	Eur. Mulassière	Eur. Asine	Eur. Bovine	Eur. Avine	Eur. Caprine	Eur. Porcine	Eur. Nombre de charrues	Indig. Chevaline	Indig. Mulassière	Indig. Asine	Indig. Bovine	Indig. Ovine	Indig. Caprine	Indig. Nombre de charrues	OBSERVATIONS
Commune d'Orléansville…	1.487	798	300	4.865	7.450	200	100	30	1.500	10.400	300	290	272	500	50	200	800	700	350	250	L'année 1880 a été mauvaise. Les indigènes ont vendu beaucoup de bétail que les européens ont acheté en partie. Disette de céréales et de fourrages en 1881.
Les communes de Charon et de l'Oued-Fodda et la commune mixte du Chélif.	1.076	111	32	49.950	51.169	240	49	55	1.260	2.198	487	656	404	2.330	255	4.455	10.716	53.156	31.000	2.840	
Totaux	2.563	909	332	54.815	58.619	440	149	66	2.766	12.598	787	946	676	2.890	305	4.659	11.516	53.856	34.410	3.110	
Commune d'Orléansville…	»	»	»	»	»	177	71	45	1.017	7.600	301	295	279	407	39	200	640	560	280	250	Année passable, mais les résultats de l'année précédente ont obligé à vendre beaucoup de bétail.
Les trois autres communes.	»	»	»	»	»	223	41	48	1.064	1.497	430	586	404	2.118	280	4.435	9.611	48.876	32.550	2.859	
Totaux	»	»	»	»	»	400	112	93	2.081	9.097	731	881	683	2.525	320	4.635	10.251	49.436	32.839	3.109	
Commune d'Orléansville…	»	»	»	»	»	194	32	106	968	2.128	590	326	281	377	22	357	458	2.953	2.647	250	1re année, bonne. Le bétail se maintient.
Les trois autres communes.	»	»	»	»	»	279	43	36	924	1.398	492	747	385	2.093	205	4.470	9.484	49.012	33.185	2.869	
Totaux	»	»	»	»	»	473	75	142	1.892	3.526	1.082	1.073	666	2.470	317	4.827	9.942	51.965	35.832	3.119	
Commune d'Orléansville…	»	»	»	»	»	239	38	153	760	2.151	612	241	296	170	22	308	487	2.890	2.325	252	2e année, bonne. Le bétail augmente.
Les trois autres communes.	»	»	»	»	»	283	44	38	912	1.442	467	790	301	2.130	276	4.597	9.577	47.658	33.443	2.887	
Totaux	»	»	»	»	»	522	82	191	1.672	3.593	1.079	1.031	687	2.300	298	4.965	10.064	50.548	35.768	3.139	
Commune d'Orléansville…	»	»	»	»	»	218	46	128	800	1.575	460	231	291	105	16	381	477	2.090	1.900	230	3e année, bonne. Le bétail augmente.
Les trois autres communes.	»	»	»	»	»	296	57	38	1.036	1.364	488	919	306	2.118	247	4.611	9.795	47.052	33.363	2.804	
Totaux	»	»	»	»	»	514	103	166	1.836	2.939	948	1.150	657	2.283	263	4.992	10.272	49.742	35.323	3.133	
Commune d'Orléansville…	1.638	1.162	353	4.487	8.040	177	53	118	740	1.570	585	355	283	179	17	402	507	2.460	1.520	245	4e année, bonne. Le bétail augmente. Les irrigations par canaux sont inaugurées. Les charrues françaises sont perfectionnées. Divers essais de cultures diverses sont tentés par les européens. Immigration dans la banlieue d'Orléansville de plus de 200 cultivateurs espagnols ou maltais.
Les trois autres communes.	1.006	114	24	50.179	57.323	258	59	20	1.036	1.171	417	905	203	2.180	236	5.226	12.035	51.346	35.318	3.160	
Totaux	2.644	1.276	377	61.066	65.363	435	112	138	1.776	2.741	1.002	1.260	546	2.359	253	5.628	12.542	53.806	36.838	3.405	
Commune d'Orléansville…	»	»	»	»	»	154	36	91	764	1.373	421	260	222	255	43	435	1.163	5.053	1.811	403	5e année, bonne. Le bétail augmente. Une cinquantaine de cultivateurs espagnols ou maltais en plus que l'année précédente immigrent dans la banlieue d'Orléansville.
Les trois autres communes.	»	»	»	»	»	259	54	15	1.074	1.196	432	1.126	259	2.501	405	4.946	13.004	70.871	68.238	3.493	
Totaux	»	»	»	»	»	413	90	106	1.838	2.569	856	1.395	481	2.756	448	5.381	14.227	75.924	70.049	3.896	
Commune d'Orléansville…	»	»	»	»	»	154	36	95	760	1.365	430	267	222	240	49	536	1.259	5.110	1.577	355	6e année, bonne. Le bétail augmente.
Les trois autres communes.	»	»	»	»	»	274	60	18	1.111	1.369	393	1.053	264	2.814	395	4.936	13.804	73.849	61.968	3.494	
Totaux	»	»	»	»	»	423	96	113	1.871	2.734	823	1.320	486	3.054	444	5.472	15.083	78.965	63.515	3.849	
Commune d'Orléansville…	»	»	»	»	»	148	34	94	766	1.310	449	292	219	242	51	570	1.196	5.155	1.603	360	7e année, bonne. Le bétail augmente.
Les trois autres communes.	»	»	»	»	»	335	87	36	1.060	1.457	418	1.189	340	3.576	623	5.961	19.001	76.266	60.343	4.388	
Totaux	»	»	»	»	»	483	121	130	1.826	2.767	867	1.481	559	3.818	674	6.531	20.197	81.421	62.036	4.748	
Commune d'Orléansville…	»	»	»	»	»	141	35	94	785	1.271	356	285	209	246	49	578	1.201	4.920	1.654	350	8e année, bonne. Le bétail augmente et atteint le maximum pour la période de 16 ans étudiée.
Les trois autres communes.	»	»	»	»	»	276	84	41	1.130	1.250	327	864	393	4.378	782	6.004	21.030	88.789	50.519	4.525	
Totaux	»	»	»	»	»	417	119	135	1.915	2.521	683	1.149	602	4.624	831	6.582	22.231	73.709	52.173	4.875	
Commune d'Orléansville…	1.764	1.066	397	7.648	10.875	142	38	89	784	1.174	336	278	269	235	47	548	1.163	5.035	1.603	330	1re année, mauvaise. Hiver précédent rigoureux; trop de pluies en automne. Labours gênés. Récolte très médiocre partout. Le bétail se maintient.
Les trois autres communes.	1.091	217	24	59.330	60.662	339	88	53	1.229	1.334	349	1.176	393	4.213	710	5.119	19.920	75.369	45.486	4.548	
Totaux	2.855	1.283	421	66.978	71.537	481	126	142	2.013	2.508	685	1.454	662	4.448	757	5.667	21.083	80.404	47.089	4.868	
Commune d'Orléansville…	»	»	»	»	»	149	42	91	721	1.185	336	284	209	214	37	490	1.175	4.902	1.610	309	2e mauvaise année. Récolte nulle ou tout au plus très médiocre; des prêts de semences ont été faits. Le bétail diminue sensiblement chez les européens et se maintient chez les indigènes. Symptômes de famine en octobre 1892.
Les trois autres communes.	»	»	»	»	»	286	81	51	928	1.362	358	960	374	4.155	774	5.439	19.118	81.773	57.062	4.548	
Totaux	»	»	»	»	»	435	123	142	1.649	2.547	694	1.244	583	4.369	811	5.938	20.293	86.675	58.672	4.857	
Commune d'Orléansville…	»	»	»	»	»	154	42	90	714	1.282	319	280	201	182	31	404	1.022	4.250	1.300	186	3e mauvaise année. Récolte médiocre ou nulle. Secours pour conjurer la famine. Chantiers de secours. Le bétail diminue chez les indigènes.
Les trois autres communes.	»	»	»	»	»	293	85	56	978	1.754	313	503	396	2.728	831	5.158	16.776	79.603	54.828	3.725	
Totaux	»	»	»	»	»	447	127	146	1.692	3.046	632	843	597	2.910	862	5.562	17.798	83.943	56.128	3.911	
Commune d'Orléansville…	»	»	»	»	»	157	38	91	695	1.137	324	264	199	300	85	415	1.005	4.240	1.265	273	4e année, mauvaise. Récolte moyenne pour les européens et une partie des indigènes. Très médiocre pour le surplus. Le bétail se maintient un peu.
Les trois autres communes.	»	»	»	»	»	313	115	46	1.016	1.689	347	700	403	3.116	870	5.357	16.617	83.592	58.997	3.742	
Totaux	»	»	»	»	»	470	153	137	1.711	2.826	671	964	602	3.416	955	5.772	17.622	87.832	60.262	4.015	
Commune d'Orléansville…	»	»	»	»	»	155	43	89	780	1.280	326	302	197	305	84	416	1.113	5.562	2.635	271	5e année, mauvaise; bonne pour l'Oued-Fodda et Charon; nulle ou médiocre pour le surplus. Le bétail diminue chez les indigènes.
Les trois autres communes.	»	»	»	»	»	361	105	43	986	2.718	439	788	466	3.117	851	5.396	14.547	79.310	60.322	4.068	
Totaux	»	»	»	»	»	516	148	132	1.706	3.998	765	1.090	663	3.422	935	5.812	15.660	84.872	62.957	4.330	
Commune d'Orléansville…	1.676	1.017	393	7.849	10.935	161	46	91	589	1.100	348	310	203	308	87	414	1.057	5.748	2.654	275	6e année, mauvaise. Récolte nulle ou médiocre. Pâturages desséchés. Les bœufs diminuent. Le reste se maintient.
Les trois autres communes.	1.240	164	31	56.519	57.954	383	119	68	1.068	2.357	499	1.571	497	2.883	1.272	5.246	13.898	82.781	65.999	3.965	
Totaux	2.916	1.181	424	64.368	68.889	544	165	150	1.657	3.457	847	1.881	700	3.191	1.359	5.660	14.925	88.529	68.653	4.240	

	CHEPTEL DES EUROPÉENS. — ESPÈCE							
	Chevaline	Mulassière	Asine	Bovine	Ovine	Caprine	Porcine	Charrues
1883...................	473	75	142	1.892	3.526	1.082	1.073	666
1890...................	417	119	135	1.915	2.521	683	1.149	602
En plus..........	»	44	»	123	»	»	176	»
En moins	56	»	7	»	1.005	399	»	64

	CHEPTEL DES INDIGÈNES. — ESPÈCE						
	Chevaline	Mulassière	Asine	Bovine	Ovine	Caprine	Charrues
1883...................	2.470	317	4.827	9 942	51.965	35.832	3.119
1890...................	4.624	831	6.582	22.231	73.709	52.173	4.875
En plus..........	2.154	514	1.755	12.289	21.744	16.341	1.756
En moins........	»	»	»	»	»	»	»

Le nombre des charrues a diminué chez les Européens ; c'est que depuis 1886 on a eu une tendance à remplacer les instruments que l'on possédait par un outillage plus perfectionné et par conséquent moins nombreux. Les Européens ont eu en même temps une tendance à diminuer le nombre de leurs chevaux pour augmenter celui des mulets dans une proportion à peu près égale. Les résultats de leurs cultures étant favorables, ils ont moins recours à la ressource des moutons et des chèvres.

Les Indigènes sont ici en pleine prospérité.

3e Phase comprenant les années 1891, 1892, 1893, 1894, 1895 et 1896. — Les récoltes sont successivement et sans interruption mauvaises ou nulles. On traverse une série de six années désastreuses. En même temps que le chiffre de la population indigène diminue, le bétail va en décroissant.

La comparaison qui suit éclairera à ce sujet la Commission :

	CHEPTEL DES EUROPÉENS. — ESPÈCE						
	Chevaline	Mulassière	Asine	Bovine	Ovine	Caprine	Porcine	Charrues
1890....................	417	119	135	1.915	2.521	683	1.149	602
1896....................	544	165	159	1.657	3.457	817	1.881	700
En plus..........	127	46	24	»	936	164	732	102
En moins........	»	»	»	258	»	»	»	»

	CHEPTEL DES INDIGÈNES. — ESPÈCE					
	Chevaline	Mulassière	Asine	Bovine	Ovine	Caprine	Charrues
1890....................	4.621	831	6.582	22.231	73.709	52.173	4.875
1896....................	3.191	1.359	5.660	14.925	83.529	68.653	4.240
En plus..........	»	528	»	»	14.820	16.480	»
En moins........	1.433	»	922	7.306	»	»	635

En ce qui concerne les Européens, la création du centre de Masséna, remontant à 1894, donne en 1895 et 1896 un appoint qui est la cause des augmentations. On peut remarquer que ce nouveau centre, composé de colons besogneux n'a rien fait pour diminuer l'affaiblissement du chiffre de la race bovine, le plus significatif. L'Européen actionne 102 charrues de plus qu'en 1890.

Les Indigènes perdent considérablement en chevaux, ânes et bœufs. Ils font ou achètent du mulet pour Madagascar. Ils essaient de compenser leurs pertes agricoles par le commerce des moutons et des chèvres. Enfin, ils n'ont plus assez de semences pour labourer comme ils voudraient pouvoir le faire : ils mettent en mouvement 635 charrues de moins qu'en 1890, au grand détriment de l'amélioration du régime des pluies et ne sont pas en mesure de faire plus.

Quoiqu'il en soit, la situation du bétail, comparée à ce qu'elle était autrefois, se résume par la comparaison suivante, entre les points extrêmes de la période étudiée :

	CHEPTEL DES EUROPÉENS. — ESPÈCE							
	Chevaline	Mulassière	Asine	Bovine	Ovine	Caprine	Porcine	Charrues
1881..................	440	149	66	2.766	12.598	787	946	676
1896..................	544	105	159	1.657	3.457	847	1.881	700
En plus..........	104	16	93	»	»	60	935	24
En moins........	»	»	»	1.109	9.141	»	»	»

	CHEPTEL DES INDIGÈNES — ESPÈCE						
	Chevaline	Mulassière	Asine	Bovine	Ovine	Caprine	Charrues
1881..................	2.890	305	4.659	11.516	53.856	34.410	3.110
1896.........	3.191	1.359	5.660	14.925	88.529	68.653	4.240
En plus..........	301	1.054	1.019	3.409	34.673	34.243	1.130
En moins........	»	»	»	»	»	»	»

Cette comparaison est rassurante pour les Indigènes et inquiétante pour les Européens qui restent à peu près stationnaires en matière de bétail et de charrues et qui perdent en bœufs et en moutons, malgré la création de Lamartine en 1888 et de Masséna en 1894.

Historique des centres de colonisation compris dans la zone habituellement éprouvée par la sécheresse.

I. — *Centres situés dans la région montagneuse.*

Les centres situés dans la région la plus accidentée et considérée comme montagneuse sont ceux de Vauban, Lamartine et Masséna.

1° CENTRE DE VAUBAN. — Créé en 1878 avec un périmètre de 1.215 hectares, communaux compris, pour :

<pre>
                          •   32 concessions rurales
                       et 10   id.   industrielles.
                                  ————
          Total........   42 concessions.
Agrandi en 1894 de.............   18 concessions rurales.

          Total........   60 concessions qui sont et
</pre>

ont toujours été occupées par leurs bénéficiaires.

Colonisation privée. — Deux propriétaires ayant ensemble 98 hectares en plus du périmètre des 60 concessions.

MOUVEMENT DE LA POPULATION DES COLONS.

1881......................	65 habitants	L'augmentation constatée provient de l'agrandissement accordé et du maintien, dans le pays, de la grande majorité des premiers installés.
1886.....................	60 —	
1891......................	57 —	
1896	75 —	

MOUVEMENT DU BÉTAIL DES COLONS.

	Chevaux	Mulets	Bœufs	Moutons	Chèvres	Porcs	Anes	
1881........	21	9	61	117	66	32	11	Le bétail s'est bien maintenu.
1886...	60	10	110	90	92	125	2	
1891........	46	9	97	100	25	60	6	
1896.... ...	45	22	135	120	15	70	9	

PRINCIPALES CULTURES DU CENTRE. — HECTARES.

	Blé tendre	Blé dur	Orge	Avoine	Vignes	
1881........	100	»	10	27	2	Les colons de Vauban sont pres-que tous aisés. Ils ont un sol fertile.
1886........	81	8	20	93	10	Leur situation matérielle s'est tou-jours maintenue dans les meil-leures conditions et n'a pas varié depuis le début.
1891........	200	250	45	150	20	
1896........	120	292	218	»	20	

2° CENTRE DE LAMARTINE. — Créé en 1888 avec 1,445 hectares, communaux compris, et 45 concessions rurales.

5   Id.   industrielles.

Total........ 50 concessions.

Agrandi en 1894 de 17 concessions rurales.

Total........ 67 concessions dont 65 ont été attribuées

dès la création de l'agrandissement et n'ont cessé d'être occupées.

Les détenteurs de ces concessions semblent devoir rester fixés au pays.

Colonisation privée. — Une propriété de 50 hectares en plus du lotissement officiel.

MOUVEMENT DE LA POPULATION DES COLONS.

1888....................	Néant (création).	
1891....................	317 habitants.	Population acquise à la région et en voie de prospérité.
1896....................	333 —	

On doit remarquer qu'entre 1888, date de la création, et 1894, date de l'agrandissement, plusieurs colons de la première heure, n'ayant pas réussi, sont partis après avoir vendu leurs concessions à des cultivateurs français qui les ont remplacés.

MOUVEMENT DU BÉTAIL DES COLONS.

	Chevaux	Mulets	Anes	Bœufs	Moutons	Chèvres	Porcs	
1881,.......	»	»	»	»	»	»	»	Créé en 1888. — Situation excellente.
1886.......	»	»	»	»	»	»	»	
1891.......	62	5	17	75	72	85	167	
1896.......	65	10	10	83	320	99	154	

PRINCIPALES CULTURES DU CENTRE. — HECTARES.

	Blé tendre	Blé dur	Orge	Avoine	Maïs	Fèves	Plantes potagères	Pommes de terre	Luzerne	Plantes à racine
1891.......	475	20	4 00	40	5 00	1	3	1	5	3 50
1896.......	559	27	5 50	64	2 25	1	4	1	20	15 00

La superficie cultivée a augmenté d'un tiers depuis la création et tout fait présumer qu'elle augmentera beaucoup dans un avenir prochain.

La situation matérielle de ce village tend à s'améliorer depuis 1891. Pour le mettre à l'abri de toutes vicissitudes agricoles, il resterait à construire un barrage déversoir sur l'Oued-Fodda, à l'entrée des gorges de Chouchaoua, à 8 kilomètres de Lamartine.

3° CENTRE DE MASSÉNA. — Créé en 1894 avec un périmètre de 1.436 hectares 66 ares 60 centiares, communaux compris, pour 40 concessions rurales dont 31 sont attribuées et occupées. Le reste le sera au fur et à mesure des prises de possession, à l'expiration des délais accordés aux bénéficiaires nouveaux.

Colonisation privée. — Néant.
Population européenne du centre en 1896 : 108 habitants.

BÉTAIL DES COLONS.

	Chevaux	Mulets	Anes	Bœufs	Moutons	Chèvres	Porcs
1896..............	28	1	5	26	27	15	189

Le cheptel augmente depuis 1896. Mais le communal est des plus improductifs : prélevé sur un terrain de constitution tertiaire absolument dénudé, il n'offre aucun moyen de pacage au bétail. Il sera nécessaire d'y suppléer par des irrigations permettant de faire des fourrages et des luzernes dans la partie irrigable des concessions. Le bétail alors ira en augmentation.

La région se prête à toutes les cultures pourvu qu'on puisse irriguer.

PRINCIPALES CULTURES DU CENTRE. — HECTARES.

	Blé tendre	Blé dur	Orge	Avoine	Maïs	Fèves	Dra	Plantes potagères	Luzerne	Plantes à racine	Pommes de terre
Antérieures.	»	»	»	»	»	»	»	»	»	»	»
1896........	103	104	46	15	7	2	0 10	2	2	8	3

La situation matérielle des cultivateurs s'améliore, la plupart des colons, recrutés parmi les ouvriers de Carmaux, ont fait école depuis 3 ans. Ils ont beaucoup d'énergie et de bonne volonté. Le succès de ce village dépendra des irrigations dont l'État pourra les doter et surtout de l'agrandissement de leur communal au moyen de 50 à 80 hectares de meilleure qualité.

II. — *Centres situés en plaine.*

1° CENTRE DE MALAKOFF. — Créé en 1869 avec un périmètre de 1.247 hectares, communaux compris, pour

45 concessions rurales.

8   id.   industrielles.

Total..... 53 concessions.

Agrandi en 1895 de...... 16 concessions rurales.

Total..... 69 concessions.

Les 53 concessions primitives furent vendues par l'État aux premiers occupants au prix de 400 francs l'une. Nombreux furent les colons de la première heure qui, n'ayant pu se faire au climat et n'ayant pas réussi, revendirent leurs lots et disparurent.

A l'heure actuelle, les 16 concessions de l'agrandissement sont toutes occupées par leurs bénéficiaires. Sur les 53 du lotissement primitif, 39 sont occupées et sur les 8 concessions industrielles de la création, une seule est habitée.

Colonisation privée. — Douze propriétaires européens possédant ensemble 1.406 hectares 3 ares 30 centiares, en plus du lotissement officiel.

MOUVEMENT DE LA POPULATION EUROPÉENNE DU CENTRE.

1881...............................	279 habitants.	
1886...............................	244 —	Situation normale.
1891...............................	158 —	
1896...............................	231 —	

De 1881 à 1886, la diminution provient du départ des colons tombés dans la misère.

De 1886 à 1891, même cause de diminution.

De 1891 à 1897, l'augmentation provient de l'obligation de résidence respectée par les concessionnaires des 16 lots d'agrandissement.

Le repeuplement par le maintien de ce dernier élément dépendra de la situation agricole à venir.

BÉTAIL DES COLONS.

	Chevaux	Mulets	Anes	Bœufs	Moutons	Chèvres	Porcs	
1881.......	115	13	23	413	695	97	114	En décroissance de 1881 à 1891. En légère reprise à partir de 1896.
1886.......	51	15	5	472	454	28	103	
1891.......	64	30	10	422	130	49	597	
1896.......	63	27	9	245	741	51	566	

PRINCIPALES CULTURES DU CENTRE. — HECTARES.

	Blé tendre	Blé dur	Orge	Avoine	Maïs	Fèves	Plantes potagères	Pommes de terre	Légumes	Plantes à racine
1881.......	275	400	175	70	3	10 00	1 50	0 75	»	»
1886.......	350	4	15	85	»	»	»	1 00	2	»
1891.......	750	100	105	130	14	12 00	3 50	5 50	25	2 00
1896.......	864	132	182	119	9	13 50	4 60	»	40	4 00

Malgré les mauvaises récoltes, on voit que les colons de Malakoff ne sont pas découragés. Ils espèrent toujours qu'on finira par pouvoir leur donner des eaux d'irrigation au moyen d'un barrage sur l'oued Sly.

2° CENTRE DE L'OUED-FODDA. — Créé en 1873, avec un périmètre de 1,817 hectares 14 ares 10 centiares et pour :

<pre>
                              94 concessions rurales.
                              17   id.   industrielles.
            Total..... 111 concessions.
Agrandi en 1891 par....   18 concessions rurales.
                et 29   id.   industrielles.
            Total..... 158 concessions.
</pre>

On compte 111 concessionnaires présents en 1881 : même nombre en 1886 ; 129 en 1891, et même nombre en 1896. Les concessions abandonnées ont été achetées par les colons actuels.

Colonisation privée. — 7 propriétaires européens se partageant 246 hectares 59 ares 60 centiares, en plus du périmètre officiel.

MOUVEMENT DE LA POPULATION EUROPÉENNE DU CENTRE.

1881..................... 635 habitants· \
1886.... 480   —   Les diminutions proviennent de départ après expropriations judiciaires ou ventes de gré à gré aux colons restants.
1891..................... 460   —
1896................... ... 451   —

BÉTAIL DES COLONS.

	Chevaux	Mulets	Bœufs	Anes	Moutons	Chèvres	Porcs	
1881........	40	12	460	14	185	165	60	Rien d'anormal.
1886........	90	22	390	»	160	208	375	
1891........	95	22	495	10	412	90	180	
1896........	80	22	325	»	430	75	105	

PRINCIPALES CULTURES DU CENTRE. — HECTARES.

	Blé tendre	Blé dur	Orge	Avoine	Vignes	
1881.....................	733	»	32	100	»	Constatation d'efforts persévérants surtout après 1891, époque de l'agrandissement.
1886.....................	600	10	60	200	5	
1891.....................	1.000	400	100	450	20	
1896.....................	460	700	800	»	20	

La situation des colons de l'Oued-Fodda est en souffrance. Un certain nombre d'entre eux s'est rendu acquéreur de concessions désertées par d'autres. On peut considérer comme définitivement acquis au village les 129 concessionnaires qui y résident actuellement, car ils ont, pour la plupart, su résister à la sécheresse habituelle de la contrée.

3º Centre de Charon. — Créé en 1875. avec un périmètre de 2,096 hectares 38 ares, y compris les communaux, pour :

> 70 concessions rurales.
> 4 id. industrielles.

Total... 74 concessions occupées en 1881 par 57 bénéficiaires.
1886 par 48 id.
1891 par 92 id.
1896 par 22 id.

Le manque de récolte, qui est le régime le plus habituel auquel est soumis ce centre, a été la cause de l'excessive diminution des familles de colons, descendues de 74 à 22, dans une période de 20 années.

MOUVEMENT DE LA POPULATION EUROPÉENNE DU CENTRE.

> 1881............. 221 habitants.
> 1886............. 195 —
> 1891............. 220 —
> 1896............. 192 —

BÉTAIL DES COLONS.

	Chevaux	Mulets	Anes	Bœufs	Moutons	Chèvres	Porcs	
1881.......	41	3	3	220	513	125	377	En diminution sensible.
1886.......	50	5	4	190	500	130	325	
1891.......	37	15	5	180	320	60	160	
1896.......	65	22	5	120	320	72	350	

PRINCIPALES CULTURES DU CENTRE.

Les superficies cultivées ne varient guère d'une année à l'autre. et sont, en hectares :

Blé tendre et dur	Orge	Avoine	Lin	
450	520	220	100	On dispose de 1,006 hectares de pâturage.

La situation matérielle des colons de Charon est depuis longtemps compromise. La propriété est réunie aux mains de 22 cultivateurs européens au lieu de 74 que prévoyait le lotissement primitif. Ces 22 chefs de famille, à l'exception de deux ou trois, ont des dettes qui excèdent leurs moyens. C'est un centre qui se relèvera difficilement. Peut-être y réussiront-ils, si des irrigations leur étaient assurées au moyen d'un barrage que la Municipalité souhaiterait qu'on établit sur le Chéliff.

4° CENTRE D'ORLÉANSVILLE. — Autour d'Orléansville et dès sa fondation, en 1843, un certain nombre de colons français et étrangers se sont installés. Le territoire que cette colonisation occupe est aujourd'hui, communaux compris, de 2,537 hectares 71 ares 6 centiares, formant le périmètre de culture du chef-lieu de l'arrondissement.

MOUVEMENT DE LA POPULATION EUROPÉENNE DU CENTRE.

1881....................	1.804 habitants.	
1886....................	2.139 —	En diminution depuis 1891, à cause des mauvaises récoltes de 1891 à 1896.
1891....................	2.313 —	
1896....................	2.182 —	

BÉTAIL DES COLONS.

	Chevaux	Mulets	Anes	Bœufs	Moutons	Chèvres	Porcs	
1881........	129	55	19	794	8.867	50	100	Décroissance constante, résultat de la succession des mauvaises années.
1886........	48	10	56	40	730	150	105	
1891........	68	18	45	43	803	160	188	
1896........	72	13	48	64	630	192	167	

PRINCIPALES CULTURES DU CENTRE. — HECTARES.

	Blé tendre	Blé dur	Orge	Avoine	Fèves	Maïs	
1881........	414	124	216	58	2	»	Décroissance constante et symptôme réel de découragement.
1886........	330	»	139	124	»	15	
1891........	450	80	75	30	4	»	
1896........	180	40	82	65	»	3	

La situation matérielle du centre d'Orléansville est actuellement à son point le plus bas.

5° Centre de La Ferme (dépendance d'Orléansville). — Créé en 1848, avec un périmètre. communaux compris, de 1.235 hectares 43 ares 75 centiares pour 70 concessions rurales. qui sont actuellement devenues la propriété de 30 familles qui y résident.

La situation matérielle de ce groupement agricole est mauvaise, mais elle pourra se relever grâce aux irrigations qui n'ont pas encore produit leur effet.

6° Centre de Pontéba. — Créé en 1848 avec un périmètre. communaux compris, de 722 h. 8 a. 16 c. pour 84 petits concessionnaires qui ont fait place à 10 propriétaires actuellement en résidence.

MOUVEMENT DE LA POPULATION EUROPÉENNE DU CENTRE.

1881.....................	158 habitants.	Situation normale. malgré la diminution par rapport à l'année 1886 et dont la cause est due aux mauvaises récoltes.
1886.....................	249 —	
1891.....................	157 —	
1896.................	160 —	

BÉTAIL DES COLONS.

	Chevaux	Mulets	Anes	Bœufs	Moutons	Chèvres	Porcs	
1881.........	17	24	5	369	750	120	100	Situation normale.
1886........	34	10	4	340	500	120	60	
1891........	41	10	19	376	296	97	19	
1896........	42	17	10	322	207	82	58	

PRINCIPALES CULTURES DU CENTRE. — HECTARES.

	Blé tendre	Blé dur	Orge	Avoine	Maïs	Fèves
1881........	663	10	47	31	»	5
1886........	503	»	14	41	3	6
1891........	480	»	»	»	»	»
1896........	820	»	37	60	10	»

Les colons de Pontéba qui n'avaient pas assez de ressources pour lutter contre la sécheresse ont disparu. La situation matérielle du petit nombre qui reste est excellente et devient meilleure de jour en jour depuis qu'on peut utiliser les eaux d'irrigation.

MOUVEMENT DE LA POPULATION EUROPÉENNE DU CENTRE.

1881...................... 323 habitants. }
1886...................... 412   —   } Situation normale, quoiqu'une
1891...................... 360   —   } décroissance manifeste se soit pro-
1896...................... 351   —   } duite par rapport à 1886.

BÉTAIL DES COLONS.

	Chevaux	Mulets	Anes	Bœufs	Moutons	Chèvres	Porcs	
1881......	64	21	16	337	783	290	90	Symptômes réels de décroissance dus à la série des mauvaises années.
1886......	95	33	58	360	340	315	190	
1891......	40	10	25	315	75	79	71	
1896......	47	16	33	203	263	74	85	

PRINCIPALES CULTURES DU CENTRE. — HECTARES.

	Blé tendre	Blé dur	Orge	Avoine	Maïs	Fèves	
1881......	399	60	115	59	»	150	Décroissance constante due aux mauvaises années.
1886......	335	15	19	91	»	1	
1891......	315	»	45	65	»	4	
1896......	278	8	33	64	»	»	

De l'historique de ces différents centres et de l'exposé de la situation matérielle, il ressort nettement :

1° Que les villages installés dans la région la plus accidentée et considérée comme montagneuse jouissent d'une prospérité relative ;

2° Que les centres installés en pays de plaine dans cette région du Chéliff ne font que végéter et souffrir quand les irrigations leur font défaut.

Et en même temps que c'est sur cette question des irrigations que doit se fixer l'étude des remèdes à apporter ; c'est aussi sur les divers moyens propres à régulariser le régime des pluies dans une contrée où la sécheresse règne en cruelle souveraine.

Voies de communication des tribus avec les routes, centres, chemins de fer, marchés, etc.

La question à traiter n'est pas spéciale à la partie de la plaine du Chéliff qui est le plus souvent éprouvée par la sécheresse. Elle intéresse le développement de la situation économique et agricole des indigènes dans toute la région tellienne, beaucoup plus à l'heure présente que jadis, en raison de l'extension donnée à la propriété individuelle en pays arabe et du développement parallèle que prend un peu partout la colonisation officielle ou privée. Elle trouve donc sa place aux tout premiers rangs des études dont est chargée la Commission, parce qu'elle touche aux intérêts les plus pressants de la zone à améliorer.

Les chemins divers qui relient entr'eux les tribus ou les douars, et qui les mettent en communication avec nos routes classées, nos centres de colonisation, nos gares de chemins de fer, les marchés hebdomadaires et les points d'eau, fontaines, sources ou puits qui alimentent les groupes indigènes, sont partout à l'état de pistes de largeur et de pentes diverses. Ces pistes sont tantôt assez larges pour que deux ou trois mulets puissent à peu près y passer de front, tantôt assez étroites pour ne donner passage qu'à un cavalier. Ces chemins de tribus n'appartiennent à aucun classement. Ils sont simplement rangés dans la catégorie des biens du domaine public, ce qui sauvegarde leur existence sans leur donner cependant les moyens d'être entretenus.

Ils ont bien un autre caractère que leur donne de plein droit l'art. 3 du décret du 19 mars 1886, dont le texte dit formellement : « Tout chemin affecté à l'usage du public est présumé, jusqu'à « preuve du contraire, appartenir à la commune sur le territoire « de laquelle il est situé. »

Mais cet avantage est illusoire, puisque c'est la commune et non le douar ou tribu qui est présumée propriétaire au titre de son domaine public, et que la quatrième journée ou les centimes extraordinaires, autorisés par l'art. 10, ne peuvent être employés que sur ceux de ces chemins dont la détermination aura été faite après une reconnaissance consacrée par un arrêté préfectoral.

La commune de plein exercice ou mixte qui, se proposant de donner satisfaction à sa population indigène, classerait dans le réseau général de ses chemins ruraux les pistes qui nous occupent, donnerait à ce réseau un tel développement qu'il lui serait impossible, quelles que soient ses ressources, d'en assurer l'ouverture ou l'entretien. Il faut considérer enfin que, rien que pour faire la reconnaissance qui s'exprimera ensuite par un projet de classement et des plans particls ou d'ensemble, la dépense première est toujours au-dessus des forces financières de nos unités administratives, si obérées partout.

D'une part, par conséquent, on donne à ces petits chemins, si indispensables à la prospérité des indigènes, et à notre propre sécurité, comme moyens de pénétration et d'investigations, les moyens légaux de devenir des chemins ruraux classés, mais, par contre, on laisse la commune maîtresse de porter ses ressources sur tels ou tels points de son territoire, souvent fort éloignés des sections indigènes (tribus ou douars) qui les ont fournies. Mais ce qu'il y a de plus grave, c'est qu'il y a impossibilité matérielle pour les communes à faire un classement régulier de tant de voies, d'importance secondaire pour notre colonisation, de première importance pour les intérêts agricoles de l'indigène et pour les facilités de l'exercice de notre dominium.

La Commission reconnaîtra, peut-être, qu'il serait plus juste et plus conforme à l'intérêt de nos indigènes :

1° Que les ressources spéciales, autorisées pour les chemins ruraux par l'art. 10 du décret du 19 mars 1886, savoir, au choix, ou une quatrième journée de prestation ou des centimes extraordinaires calculés sur le principal de la contribution foncière sur la propriété bâtie en Algérie, soient votées par les djemaàs de sections, actuellement instituées dans les communes mixtes, et que le Gouvernement se propose également d'instituer dans les communes de plein exercice :

2° Que les mêmes ressources, en ce qui concerne les sections européennes, soient votées par les Conseils municipaux et employées dans les formes prescrites par le décret du 19 mars 1886 ;

3° Que le principe soit que ces ressources ne pourront être dépensées dans une section, française ou indigène, autre que celle qui les aura produites ;

4° Que la reconnaissance des chemins ruraux des sections françaises reste soumise au régime du décret du 19 mars 1886 ;

5° Que les chemins de tribus mettant en communication les douars entr'eux et avec les routes, centres, gares de chemins de fer, marchés hebdomadaires et points d'eau (fontaines, sources ou puits d'un usage public), soient de plein droit, par le bénéfice d'un décret, et sans formalités de classement, incorporés dans le réseau des chemins ruraux de chaque section indigène.

6° Que les attributions des djemaàs de sections indigènes les autorisent à porter de 1 à 3, si elles le jugent convenable et après enquête de commodo et incommodo dans chaque section indigène, le nombre des journées à affecter annuellement aux dits chemins ruraux de sections indigènes ;

7° Que les décisions des djemaâs, dans l'espèce prévue sous le n° 6, soient valables pour trois ans :

8° Que la prestation, ainsi votée par les djemaâs de chaque section, soit rachetable au gré des contribuables indigènes d'après le tarif adopté chaque année pour le rachat de la journée de prestation sur chemins vicinaux ordinaires :

9° Que les chemins ruraux des sections indigènes soient admis à l'entretien, avec emploi des ressources spéciales, sans reconnaissance préalable et sur la seule délibération de la djemaâ, si leurs pistes ont moins de deux mètres de largeur en moyenne ;

10° Que les mêmes chemins, lorsqu'ils devront recevoir, sur la demande des djemaâs, une largeur supérieure à deux mètres, soient soumis à une reconnaissance préalable à tous travaux d'ouverture, de rectification ou d'entretien, dans les formes indiquées par le décret du 19 mars 1886, avec une pente de 7 au maximum.

Le Rapporteur prie la Commission de considérer que ces dispositions amèneraient les Indigènes à donner très volontiers leur concours à l'amélioration d'un réseau qui leur est si utile et qu'ils sauront être leur bien commun.

Cette modification au régime du décret du 19 mars 1886 aurait, en outre, un double avantage dont l'évidence ne comporte aucun développement, savoir :

1° Elle permettrait l'entretien sommaire et annuel des chemins qui nous occupent, ce qui ne s'est jamais fait et n'a jamais pu se faire depuis que les corvées ou touïzas ont été supprimées comme étant incompatibles avec l'institution du régime civil et du droit commun ;

2° Elle laisserait par la disposition prévue sous le n° 10, les moyens de doter, dans l'avenir, chaque tribu d'un réseau régulier et carrossable, dont les indigènes auront besoin un jour comme les Européens, lorsqu'ils auront repris leur équilibre économique et social dans leurs rapports avec nous.

Le Rapporteur,

J. RENOUX.

Situation agricole de la plaine du Chéliff, dans l'arrondissement de Miliana.

. . . . . .

SOUS-PRÉFECTURE
de

M I L I A N A
—
N° 1680
—
AGRICULTURE
—
Au sujet de la situa-
tion agricole de la
vallée du Chéliff.

Miliana, le 2 mars 1898.

Le Sous-Préfet de l'arrondissement de Miliana
à Monsieur le Préfet d'Alger.

Monsieur le Préfet,

Par dépêche du 18 janvier dernier, 4e bureau, n° 666, vous avez bien voulu me prier de vous faire parvenir une note sur la situation agricole de la plaine du Chéliff, comparée à ce qu'elle était autrefois, tant au point de vue de la situation matérielle des cultivateurs européens et indigènes, qu'au point de vue des variations de la population et du cheptel.

Afin d'avoir des éléments d'appréciations plus certains et pour donner plus de poids aux constatations personnelles que j'ai pu faire dans le cours de mes tournées, j'ai cru bon de demander aux maires et administrateurs des communes de mon arrondissement situées dans la plaine du Chéliff, de me faire parvenir un rapport concernant spécialement leurs circonscriptions administratives.

Il résulte de l'étude de ces rapports, que je vous transmets d'ailleurs sous ce pli, afin qu'ils puissent être au besoin compulsés par M. l'Inspecteur d'agriculture, que la situation matérielle des cultivateurs européens s'est beaucoup améliorée.

L'expérience aidant, les colons ont modifié leur mode de culture ; c'est ainsi que la culture des céréales a pris une très grande extension et que des labours profonds, entrepris dès les premières pluies, ont considérablement augmenté le rendement, en maintenant plus longtemps dans le sol une humidité fécondante.

Il est à remarquer, en effet, que la fertilité et la prospérité de la plaine du Chéliff sont entièrement subordonnées à l'abondance et à la fréquence des pluies d'automne et de printemps. La plaine du Chéliff ne le céderait en rien à la plaine de la Mitidja, s'il était remédié à cette situation, soit par le barrage du Chéliff et la création de fossés d'irrigation, soit par le reboisement et l'établissement de fossés de niveau, mesures qui produiraient à notre avis les plus heureux effets.

Depuis quelque temps, les agriculteurs ont entrepris la culture de la vigne, et les essais ont été satisfaisants : quelques plantations d'arbres fruitiers ont été tentées et la persévérance du colon a souvent eu raison de la sécheresse qui, depuis plusieurs années, a fait éprouver bien des mécomptes aux Européens et surtout aux Indigènes.

Considérablement assainie par la culture du sol, la plaine du Chéliff est devenue beaucoup plus salubre qu'elle ne l'était autrefois, et la population européenne peut maintenant produire son maximum de travail, sans être, comme jadis, minée par les fièvres. De nouveaux colons, des industriels, sont venus augmenter le nombre des habitants des villages, anciennement ou récemment créés. C'est ainsi que les centres de Duperré et d'Affreville ont pris une réelle importance.

Le cheptel est resté à peu près stationnaire : le manque de pâturages ne permet pas aux Européens de faire l'élevage en grand, et la plupart se contentent d'élever le nombre d'animaux qui leur est strictement indispensable pour la formation des engrais et la fumure des terres.

La situation des cultivateurs indigènes est moins bonne évidemment que celle des Européens : cela tient à des causes multiples. MM. les Maires de Kherba, Carnot, Lavarande, Duperré, font remarquer que les usuriers juifs de la région, au moyen de procédés qui échappent malheureusement à toute répression, sont parvenus à acquérir à vil prix une grande partie des terrains détenus autrefois par les indigènes : enfin, par suite des dernières années de sécheresse, les indigènes ont eu à traverser une période particulièrement difficile.

Ils ont bénéficié, fort heureusement, des avantages que la civilisation et la colonisation apportent avec elles : les cultivateurs indigènes commencent, bien lentement il est vrai, à adopter les procédés plus perfectionnés des agriculteurs européens, et les bénéfices qu'ils en retirent ne peuvent que les encourager à persévérer dans cette voie. Les transactions sont aussi plus actives que par le passé, et ces avantages ont pallié en partie les dommages causés par l'usure et la sécheresse. Quelques bonnes années feront prendre au cheptel une importance qu'il n'avait pas autrefois, actuellement bon nombre d'indigènes ne pouvant nourrir leurs bêtes par suite de la sécheresse les ont vendues à des prix insuffisamment rémunérateurs.

La population indigène, grâce aux mesures préventives prises en temps d'épidémie, aux vaccinations et aussi, disons-le, à sa vitalité, après être restée stationnaire, tend à augmenter : il n'y a point cependant jusqu'à ce jour de différence appréciable, et elle est à peu près aujourd'hui ce qu'elle était autrefois.

Pour le Sous-Préfet absent :

Le Secrétaire de la Sous-Préfecture.

G. DURON.

COMMUNE

D'AFFREVILLE

Nº 187.

AGRICULTURE

Rapport sur la situation agricole de la plaine du Chéliff.

Affreville, le 29 janvier 1898.

Le Maire de la Commune d'Affreville à Monsieur le Sous-Préfet de Miliana.

Monsieur le Sous-Préfet,

Les questions posées par votre dépêche du 24 courant, nº 679, me paraissent très complexes et le peu de temps qui m'est imparti pour la réponse, m'oblige à résumer succinctement la situation.

La commune d'Affreville ne possède pas, à proprement parler, de colons. La très grande propriété, c'est-à-dire ceux qui ont plus de cent hectares, au nombre de 18, représentent 7.750 hectares, si l'on ajoute à ce chiffre environ 1,000 hectares pour les propriétaires de 40 à 100 hectares, le total de la grande propriété, au sens qui est attribué à ce mot, dans toutes les statistiques officielles, est de 8,750 ; si l'on compte que la commune se compose de 9,300 hectares, il reste pour la moyenne ou petite propriété 550 hectares.

Or, la grande propriété est cultivée par des fermiers européens ou indigènes. Leur condition ne peut guère s'améliorer, vivant péniblement, les années de sécheresse, sur la terre qu'ils cultivent ; les années où la récolte est bonne, les propriétaires leur prennent la plus grande partie de leurs bénéfices pour se payer des années où ils ne leur ont rien donné. Comment attendre, dans ces conditions, de grandes améliorations à leur sort. Toutefois, je dois constater, principalement pour les Européens, qui cultivent de mieux en mieux, une tendance à se fixer dans les fermes qu'ils ont en location, soit que la fièvre, qui régnait autrefois à l'état endémique dans la plaine, ait à peu près disparu par suite des labours profonds, soit enfin que les revenus augmentent à cause d'un meilleur assolement.

Les terrains de la commune d'Affreville ne sont point propres à l'élevage, qui tend plutôt à diminuer qu'à augmenter, chaque année, la culture des céréales empiétant sur les anciennes terres laissées en friches ou broussailles pour le pacage.

La population européenne et indigène s'accroît dans de notables proportions. Ainsi le recensement quinquennal de 1881 accusait :

Pour Affreville.... 792 Européens et 1.874 Indigènes.
Celui de 1886...... 988 id. 1.806 —
— 1891...... 1.320 id. 2.488 —
— 1896...... 1.460 id. 2.641 —

Le progrès est constant et peut être attribué à diverses causes, dont la principale est la situation géographique d'Affreville.

La population aurait augmenté davantage si les malheureuses années de sécheresse, qui se sont succédées depuis 1892, n'avaient enrayé tous les travaux et privé ainsi la commune de l'appoint des ouvriers étrangers dont un certain nombre finissent par s'y fixer.

La sécheresse, qui désole périodiquement notre région, disparaîtra le jour où l'on utilisera les eaux abondantes des divers cours d'eau qui traversent la plaine du Chéliff, ou tout au moins ses effets désastreux seront fortement atténués.

Le Maire,

M. FORQUE.

MAIRIE
de
LAVARANDE
—
N° 42.
—
AGRICULTURE
Situation agricole
de la
plaine du Chéliff.

Lavarande, le 29 janvier 1898.

RAPPORT

La situation matérielle des colons européens est, actuellement, bien meilleure que ce qu'elle était autrefois, c'est-à-dire, il y a trente ans environ.

Grâce à leurs efforts, l'agriculture a pris une extension relativement satisfaisante : travaux de culture des champs pour les céréales ; défonçage pour la culture de la vigne ; amélioration du bétail ; voir même plantations d'arbres. En raison de ces travaux, le cheptel est devenu, naturellement. plus important.

Mais une grande partie des colons ont disparu, par suite de mauvaises années, faute de moyens suffisants pour résister; beaucoup d'entre eux sont morts, le reste s'est répandu un peu partout. Ceux qui ont pu résister, paraissent bien se maintenir pour le moment : ils pourraient continuer avec de grands avantages, si la question des eaux d'irrigation ne restait lettre morte pour la plaine du Chéliff.

Il est à considérer que cette question est très importante, pour le maintien de la population des centres. laquelle a, jusqu'à ce jour, subi des variations notables avec une tendance marquée vers la diminution.

Quant aux indigènes, soit nonchalence ou fatalisme de leur part. soit que, rebelles à tout progrès, ils n'aient rien tenté pour améliorer leur mode de culture, leur situation est sensiblement la même qu'autrefois ; peut-être, même, est-elle plus mauvaise par suite de l'augmentation de la population indigène produite par les effets de la vaccination.

C'est ce qui explique que la misère s'accroît et que l'indigène comptant toujours sur le secours de la France pour le soulager, ne s'occupe pas, le moins du monde, à apporter une amélioration quelconque à son état précaire.

Il est, néanmoins, vrai que des spéculateurs et usuriers ont contribué pour beaucoup à la ruine d'un grand nombre de familles de la région.

Le Maire,

ILLISIBLE.

COMMUNE
de
LITTRÉ

N° 64.

AGRICULTURE

Situation agricole
de la
commune de Littré.

Littré, le 31 janvier 1898.

Le Maire de la Commune de Littré à Monsieur
le Sous-Préfet de Miliana.

Monsieur le Sous-Préfet,

En réponse à votre circulaire en date du 24 janvier courant. n° 679, relative à la situation agricole de la plaine du Chéliff, j'ai l'honneur de vous faire connaître que, dans la commune de Littré, il s'est produit, depuis la création de ce centre, une grande diminution du contingent européen ; elle doit être attribuée au peu de ressources des premiers colons qui, en général, ont vendu à d'autres qui, plus riches, avaient pu leur faire des avances. C'est ainsi que quelques propriétaires possèdent quatre, cinq et dix concessions, d'où diminution de la population. Le cheptel, cependant, s'améliore beaucoup et les colons s'attachent à l'emploi des machines et suivent pour leurs travaux la marche du progrès.

Leur situation pécuniaire et matérielle laisse à désirer, les dernières mauvaises années ont amené une gêne considérable.

La population indigène a peu varié et serait plutôt en augmentation.

Aucune amélioration n'a été faite dans le cheptel. Les troupeaux ont été décimés et vendus et n'ont pu être remplacés par suite des années de sécheresse et de l'insouciance habituelle des indigènes, dont la plus grande partie se trouve dans une situation très précaire.

Le Maire,

M. LEMOINE.

MAIRIE
de

DUPERRÉ

N° 173.

Duperré, le 27 janvier 1898.

*Le Maire de la commune de Duperré à Monsieur
le Sous-Préfet de Miliana.*

Monsieur le Sous-Préfet,

En réponse à votre circulaire du 24 courant, n° 679, relative à la situation agricole de la plaine du Chéliff, j'ai l'honneur de vous faire connaître qu'en prenant pour point de départ l'année 1880, par exemple, la situation des Européens de la commune s'est beaucoup améliorée, malgré les nombreuses mauvaises années qu'on a eu à traverser. A peu près tous les colons ont fait de sensibles améliorations à leurs propriétés, au moyen des défrichements, plantations d'arbres, de vignes, greffage des oliviers, création de jardins, forage de puits, etc. ; le cheptel a aussi augmenté dans de notables proportions, le matériel agricole s'est beaucoup perfectionné. Il s'est fait aussi beaucoup de constructions et de reconstructions. En résumé, la propriété immobilière de la commune a acquis une plus-value considérable depuis 1880.

La population européenne qui était de 415 habitants en 1880, est aujourd'hui de 683. Le commerce et l'industrie se sont aussi considérablement développés ; quatre usines pour la préparation du crin végétal ont été installées, et une cinquième se monte en ce moment : c'est à cette industrie que nous devons de ne pas avoir, pendant les années de sécheresse, autant de faméliques parmi la population indigène que dans beaucoup d'autres communes où cette industrie n'existe pas.

Je ne parlerai pas du domaine agricole et viticole du Bouzehar, constitué par M. Lefebvre, propriétaire, au dépens de plusieurs millions. Cette exploitation se fait dans des conditions qui ne sont pas ordinaires dans la colonisation de ce pays-ci, et que les colons ne peuvent, malheureusement, pas prendre pour exemple et imiter. Il n'empêche, néanmoins, que ce domaine rehausse beaucoup le coup d'œil du territoire de colonisation de Duperré et qu'il contribue à donner une plus-value à l'ensemble de la propriété immobilière de la commune.

En ce qui concerne les indigènes, la progression n'est malheureusement pas la même. Ceux d'entr'eux qui ont pu ou su se passer du concours de la finance israélite, se sont maintenus à peu près au même niveau, mais beaucoup ont fait appel ici, comme partout, à ce concours et ont subi, ou sont à la veille de subir, le sort inévitable de l'expropriation, ce qui fait que la situation économique des indigènes tend plutôt à s'aggraver qu'à s'améliorer, par suite de l'usure dont ils sont victimes.

Si ce n'était, comme je l'ai dit plus haut, l'industrie du crin végétal qui procure un gagne-pain à ceux d'entr'eux qui n'ont jamais eu ou qui n'ont plus leurs terres, la misère serait ici, comme à peu près partout, bien plus considérable. Malgré cette situation et grâce à l'industrie et au commerce, la population indigène de la commune a aussi considérablement augmenté ; c'est ainsi qu'elle s'est élevée du chiffre de 2,239 en 1880, à 3,468 en 1896.

Le Maire,

G. HIARD.

COMMUNE

de

KHERBA

Kherba, le 8 février 1898.

*Rapport sur la situation agricole de la plaine
du Chéliff.*

En ce qui concerne la commune de Kherba, la situation agricole est satisfaisante chez les Européens qui, par leur persévérance et leurs efforts intelligents, ont pu résister aux fléaux qui ont pesé sur eux ces dernières années.

Loin d'être ce qu'elle serait si les années avaient été normales, la situation est néanmoins meilleure qu'autrefois, parce que les colons, mieux installés, ont acquis, par expérience, la connaissance du climat, du sol et des cultures qui leur sont propres, et fait trêve aux errements qui marquent fatalement les débuts des immigrants.

Si la situation est en progrès chez l'Européen, il n'en est pas de même chez l'Indigène qui, malgré l'exemple que lui offre le colon, ne cherche nullement à améliorer ni ses moyens de culture, ni son genre de vie, et s'abandonne plus que jamais à son fatalisme.

Des contrées, telles que le douar El Harrar, qui étaient très riches il y a quinze ans, sont aujourd'hui dans la misère la plus complète. Il est juste d'ajouter que ce dénûment est moins la conséquence des fléaux climatériques que des prêts usuraires que certains juifs s'étaient empressés de consentir dès qu'ils avaient vu la colonisation approcher, spéculant sur la valeur qu'elle devait faire prendre au terrain ; c'est ainsi que le douar précité (El Harrar) a été la proie de ces individus qui détiennent les terres depuis 7 ou 8 ans, en attendant l'occasion de profiter de la plus-value, paralysant la colonisation et ruinant les indigènes.

Le douar El Harrar est le plus atteint par ce mal, mais il n'est pas le seul douar contaminé de la commune, et déjà des grandes propriétés indigènes sont la proie des mêmes individus sur divers autres points.

Le cheptel a notablement diminué : on pourrait dire même qu'il a disparu chez les Indigènes victimes des opérations précitées ; les bêtes qu'ils possèdent encore sont pour la plupart la propriété des juifs qui, après avoir accaparé le terrain, y mettent des troupeaux sous la garde des Indigènes.

Chez ceux qui n'ont pas subi cette contagion, le cheptel a peu ou pas diminué, malgré la sécheresse. Chez l'Européen il est en augmentation sensible.

La population a légèrement diminué chez les indigènes : de 2.290 qu'elle était en 1891, elle s'est abaissée à 2.254 en 1896.

Chez l'Européen elle a diminué dans de plus fortes proportions, de 316 qu'elle était en 1891, elle s'est réduite à 251 en 1896.

Les causes de la diminution sont, chez les Indigènes, la mortalité pendant la disette et la migration : chez les Européens, la migration de personnes non propriétaires.

Le Maire,
BOURGAIN.

MAIRIE
de
OUED-ROUINA
—
N° 92.

Rouïna, le 30 janvier 1898,

Rapport sur la situation matérielle des cultivateurs européens et indigènes comparée à ce qu'elle était autrefois.

La situation matérielle des cultivateurs européens, en ce qui concerne ma commune, comparée à ce qu'elle était autrefois, est sensiblement meilleure. Cela tient à l'écoulement facile et rémunérateur des céréales, qui est la principale culture de nos régions.

Ces cultivateurs ont pu perfectionner et augmenter leur outillage agricole et obtenir ainsi des produits plus abondants de la terre.

Indépendamment de cela, l'élevage du bétail, et notamment du porc, leur assure aussi des revenus assez larges. Cette situation serait encore meilleure si la sécheresse n'avait pas tant éprouvé la population agricole.

Quant à la situation des Indigènes, elle n'est pas aussi brillante, et sans les nombreux travaux qui s'effectuent, les chantiers de charité et surtout les secours qu'ils ont reçus de l'Administration, l'existence de ces gens serait gravement compromise.

Variation de la population. — La population européenne de Rouïna, depuis la création de ce centre, a subi de nombreuses variations ; à part un petit nombre de concessionnaires de la première heure, le restant s'est renouvelé plusieurs fois (sauf les nécessiteux, qui ont besoin d'être aidés).

La population indigène est restée toujours la même.

Variation du cheptel. — La quantité et la valeur du cheptel subissent un accroissement constant et considérable chez les colons européens (sauf chez les nécessiteux, qui auraient besoin d'être aidés).

Chez les Indigènes, cet accroissement est nul.

En résumé, il faudrait quelques années de bonne récolte pour rétablir l'équilibre chez cette catégorie de cultivateurs.

Le Maire.

BILLIET.

COMMUNE
des

ATTAFS
—

N° 826.

Les Attafs, le 30 janvier 1898.

Rapport sur la situation agricole.

La situation des Européens s'est améliorée cette dernière année, grâce aux prix rémunérateurs auxquels se sont vendus les grains.

Celle des cultivateurs indigènes, la plus grande partie de leurs terres ayant été vendue à des prix insignifiants, est devenue très précaire.

La région des Attafs a été éprouvée en 1895 et 1896 par la sécheresse, surtout en 1896, où la sécheresse a occasionné un manque absolu de récolte.

Le chiffre de la population reste à peu près stationnaire.

Le cheptel, cette année, a un peu augmenté: il est inférieur toutefois, à ce qu'il était il y a trois ou quatre ans, les cultivateurs s'étant trouvés dans l'obligation, par suite du manque de récolte, de vendre une grande partie du bétail.

La dernière récolte de 1897 a permis simplement aux cultivateurs, tant européens qu'indigènes, d'acheter un peu de bétail et de couvrir, en partie, les dettes qu'ils avaient été forcés de contracter.

Le Maire,

ILLISIBLE.

COMMUNE
de
CARNOT
—
N° 125.

Carnot, le 5 février 1898.

Le Maire de Carnot à Monsieur le Sous-Préfet
de Miliana.

Monsieur le Sous-Préfet,

J'ai l'honneur de vous fournir les renseignements demandés par votre lettre du 24 janvier dernier, n° 679, relative à la situation matérielle des cultivateurs européens et indigènes, en comparant ce qu'elle est aujourd'hui à ce qu'elle était autrefois.

Dans la première période de la création du centre de Carnot, c'est-à-dire de 1881 à 1890, les cultivateurs européens, étant pour la plupart inexpérimentés et, en outre, ne possédant pas de ressources suffisantes, n'ont pas pu tirer tous les avantages de leurs propriétés ; certains d'entre eux louaient une grande partie de leur terrain aux Indigènes et à des prix relativement bas ; certains autres se sont livrés de suite à la culture des céréales, mais sur une petite étendue qui ne dépassait pas de 10 à 15 hectares par colon ; beaucoup d'entre eux se sont livrés, dès le début, à la culture de la vigne.

A cette époque de création, les colons ne possédaient, en général, pas de cheptel ; quelques-uns d'entre eux avaient à peine les bêtes nécessaires pour entreprendre une petite campagne agricole. Dans ces conditions, plusieurs attributaires primitifs n'ont pu rester, ni faire face à leurs engagements, ni rembourser les emprunts qu'ils avaient contractés. Il en est résulté des expropriations, des ventes forcées ou amiables, de telle sorte que la population européenne, qui a toujours constitué le principal effectif, a subi de nombreuses variations.

Dans la deuxième période de 1890 à ce jour, les cultivateurs européens, instruits par l'expérience, ont agi avec plus d'intelligence ; ils ont effectué des labours de printemps qu'ils continuent encore aujourd'hui, et on peut affirmer qu'ils se trouveraient dans une situation aisée, s'il n'y avait eu trois années successives de mauvaises récoltes, par suite de la sécheresse et de l'invasion des sauterelles.

Malgré ces diverses épreuves, les colons ont résisté et ils se sont livrés au travail avec ardeur.

Au lieu d'ensemencer une dizaine d'hectares, ils ont fait la culture en grand. Un certain nombre d'entre eux, notamment ceux qui avaient acheté des propriétés, ont labouré une superficie de 25 à 50 hectares. quelques-uns sont allés jusqu'à 80 et 100 hectares ; les semailles ont été faites. en général. dans des terrains reposés ou préparés par les labours de printemps : la culture de la vigne a subi un temps d'arrêt par suite de la sécheresse. des chaleurs d'été et de la mévente des vins.

Par contre, la plupart des colons se sont livrés à l'élevage des bêtes : presque tous ont à leur disposition des bêtes suffisantes et le matériel agricole nécessaire pour faire valoir leurs terres. quelques-uns ont des troupeaux de bœufs et de moutons atteignant le chiffre de 50 à 100 têtes et même plus.

Aujourd'hui, les cultivateurs européens ne louent plus leurs terres aux Arabes. ils cherchent même à s'en procurer d'autres pour les mettre en culture ; ils se livrent aussi. sur une petite échelle, à la culture maraîchère. ils font. notamment. des fèves. des pommes de terre et divers autres légumes. La location des terrains a augmenté d'une valeur sensible. les terrains qui se louaient autrefois de 8 à 10 francs l'hectare. valent aujourd'hui de 15 à 20 francs.

Beaucoup de propriétaires ont effectué des plantations d'arbres à fruits de diverses espèces. dont les principales sont l'amandier. le prunier. l'abricotier et le pêcher.

En ce qui concerne la campagne agricole actuelle. le territoire de la commune de Carnot se trouve, en grande partie. ensemencé et dans de bonnes conditions. Si. comme il y a lieu de l'espérer. la récolte est bonne. les colons se relèveront. à peu près. des pertes qu'ils ont subies les années précédentes.

En résumé :

La situation économique des cultivateurs européens est meilleure aujourd'hui que ce qu'elle était dans les premières années de la création du centre : ils ont en leur possession un cheptel et un matériel agricole assez importants. de la vigne et des arbres fruitiers en rapport : malgré le départ de nombreux attributaires primitifs. l'effectif de la population n'a pas diminué et s'est même légèrement accru.

A part deux ou trois étrangers et quelques naturalisés. la population de la commune de Carnot est composée de Français.

En ce qui concerne la situation économique des Indigènes. elle a subi certaines variations selon le temps et les récoltes : en général ils ont toujours été pauvres, et se sont contentés de labourer une petite superficie.

Par suite des mauvaises années et de l'exploitation dont ils ont été victimes de la part des juifs. un certain nombre ont été obligés de quitter le pays. Autrefois, les Arabes se contentaient de gratter la terre avec une simple charrue en bois, ils ensemençaient presque toujours le même terrain, de telle sorte que la terre, étant épuisée, ne produisait pour ainsi dire rien ; aujourd'hui, ils ont perfectionné leurs instruments aratoires ; un certain nombre se servent de la charrue française, ils laissent reposer leur terrain et pratiquent même des labours de printemps.

Une certaine partie de la population indigène se trouve dans une situation aisée au point de vue matériel ; plusieurs cultivateurs possèdent un cheptel et un matériel agricole importants, ce qu'ils n'avaient pas autrefois ; certains autres ont de nombreux troupeaux qui dépassent 100 et 200 têtes, ils se rendent sur les marchés et opèrent des transactions qui leur procurent des ressources.

Une superficie d'environ 1,200 hectares qui appartenait primitivement aux Indigènes, leur a été enlevée à la suite de ventes forcées ; sur cette superficie, 400 hectares appartiennent à deux juifs et 800 hectares à deux Français. En ce qui concerne la campagne agricole actuelle, les indigènes ont ensemencé une superficie approximative de 2,500 hectares, principalement en orge et en blé dur et blé tendre, ils ont également fait une certaine quantité de fèves, peu de pommes de terres, et, si l'année est fructueuse, leur situation s'améliorera.

En résumé, la situation matérielle et économique des cultivateurs indigènes est meilleure aujourd'hui qu'autrefois ; ils ont d'abord acquis une certaine expérience de la culture, ils possèdent tous, plus ou moins, le cheptel et le matériel agricole nécessaires à leurs labours. Quant au chiffre de la population indigène, il n'a guère varié, et s'est même légèrement accru ; composée d'éléments arabes, il n'y a ni Kabyles, ni Mozabites, ni Marocains.

Il est certain que la situation des Indigènes s'améliorera de plus en plus, si les récoltes donnent de bons résultats.

Pour le Maire :

L'Adjoint,

A. RÉGNIEZ.

COMMUNE MIXTE
du
DJENDEL
–
N° 160.

Lavigerie, le 28 janvier 1898.

*Rapport de l'Administrateur de la Commune mixte
du Djendel sur la situation agricole.*

Il est facile, en ce qui concerne la commune mixte du Djendel, de comparer, à ce qu'elle était autrefois, la situation présente des cultivateurs européens qui y sont établis. Depuis l'époque de la création de la commune mixte, il y a près de vingt ans, l'élément européen ne s'est un peu accru que pendant le cours de ces deux dernières années, où la mise en peuplement du village de Lavigerie a amené l'installation de quelques familles européennes. Quant à la section de Dollfusville, formée du domaine d'Amourah, il n'y a depuis la création du vignoble, aucun changement sensible à signaler dans la situation matérielle de la population agricole qu'elle renferme.

En ce qui concerne les fermes européennes disséminées sur le territoire de la commune mixte, il est à noter que les agriculteurs ont amélioré leurs modes de culture et augmenté leurs labours.

Le vignoble est resté stationnaire et constitue un des principaux revenus de ces exploitations agricoles. D'une façon générale, enfin, chez les Européens, l'élevage de la race ovine s'est développé et celui du gros bétail tend plutôt à diminuer.

La progression inverse est à remarquer, particulièrement dans la plaine du Chéliff, chez l'Indigène qui se livre volontiers à l'élevage du taurassin, dont il trouve un facile écoulement sur les marchés.

La situation matérielle des Indigènes s'est d'ailleurs peu modifiée pendant ces dernières années. Ils cultivent de la même façon leurs terres, sans varier davantage leurs genres de cultures, mais, au contact de l'Européen, ils ont fait un pas en avant au point de vue des transactions commerciales qu'ils comprennent et admettent à notre façon. Enfin, ils ont fait preuve d'une grande vitalité puisque, malgré les années de sécheresse et les invasions de sauterelles, ils ne sont ni plus riches ni plus pauvres qu'il y a vingt ans.

L'Administrateur,
ILLISIBLE.

COMMUNE MIXTE

DES BRAZ

N° 151.

AGRICULTURE

Situation agricole de
la commune mixte
des Braz.

Duperré, le 29 janvier 1898.

*L'Administrateur de la Commune mixte à Monsieur
le Sous-Préfet de Miliana.*

Monsieur le Sous-Préfet,

En réponse à votre circulaire du 24 courant, n° 679, j'ai l'honneur de vous adresser les renseignements que le temps fort restreint dont je dispose m'a permis de réunir. Il ne peut pas être question, en ce qui concerne ma circonscription administrative, d'examiner la situation des cultivateurs européens : depuis 1889, époque où le dernier centre de colonisation qui dépendait encore des Braz, en fut distrait pour constituer une commune de plein exercice, la première n'a été habitée que par des Indigènes, et, depuis deux ou trois ans seulement, par quelques agriculteurs sans stabilité.

En ce qui concerne les Indigènes, il est pénible de constater que leur situation matérielle va, chaque année, s'aggravant davantage. On ne connaît plus, de nos jours. ces grosses fortunes territoriales où l'aisance, le bien-être du propriétaire, faisaient, par répercussion, ceux du khamès. Patrons et domestiques, vivant du produit de la terre, tirant exclusivement de leurs troupeaux ou de leurs récoltes de quoi se nourrir et s'habiller, restreignaient leurs désirs et leurs besoins à leurs ressources. Rien de semblable ne se produit aujourd'hui : les propriétés s'émiettent et cependant il n'est point de cultivateur, possédant deux charrues de terre, qui n'ait des khamès pour les labourer, tandis qu'il erre au village voisin, sur les marchés ou dans les cafés maures. Chaque année, la mendicité augmente dans des proportions effrayantes. Cette misère. qui s'infiltre peu à peu au sein de nos populations, a eu pour résultat une notable diminution dans le nombre des habitants de la commune des Braz : une forte proportion de nos administrés, ne trouvant plus dans leur douar le strict nécessaire pour leur subsistance, ont émigré dans les centres de colonisation ou dans les grandes villes : aussi le recensement quinquennal de 1896 accuse-t-il un chiffre inférieur de 2,402 à celui de 1891. Celui-ci avait donné pour résultat 27,859 habitants, alors qu'en 1896 nous n'en avons trouvé que 24,457.

Enfin, si la population a diminué, il en est de même de son cheptel. La race chevaline, autrefois très prospère dans nos régions, n'y a plus que des représentants sans valeur : les bêtes aumailles s'abâtardissent et décroissent en nombre ; les troupeaux ovins s'éclaircissent ; par contre, on relève une forte augmentation d'ânes ou ânesses et de chèvres. Les causes de cette pénible situation sont multiples.

Les premières à noter sont les événements calamiteux qui, durant plusieurs années, n'ont cessé de s'abattre sans pitié sur la commune mixte des Braz. Celle-ci est située dans cette partie de la plaine du Chéliff, où la sécheresse se fait plus cruellement sentir que partout ailleurs et, si ses céréales n'ont pas eu à craindre les mandibules des acridiens, elles n'ont point échappé aux rigueurs du sirocco, lorsque des hivers bienfaisants et pluvieux leur permettaient d'atteindre sans encombre l'époque de la floraison ; rares sont les moissons fructueuses. Le manque de récolte implique l'idée d'absence de pâturages ; aussi, nos cultivateurs, dépourvus de récoltes, se sont trouvés dans la nécessité d'abandonner, à vil prix, leurs bestiaux et pour subvenir à leurs besoins et pour ne pas les voir périr de faim : chevaux, mulets, bœufs, moutons, ont donc pris la route des marchés, et, malheureusement, les propriétaires ont bientôt connu celle de l'usurier, entre les mains duquel vont, chaque jour, leurs propriétés foncières.

Les rigueurs de la température ne sont pas les uniques causes de la misère qui règne aux Braz : l'application du Sénatus-Consulte du 22 avril 1863 et aussi l'exécution de la loi de 1873 n'y sont pas étrangères ; par des prélèvements excessifs faits au profit de l'État, par l'encadrement dans le domaine forestier de surfaces dont jouissaient autrefois les Indigènes, les commissaires-enquêteurs ont réduit les étendues susceptibles de recevoir des semences ou pouvant servir de pâturage. Contraints d'écouler une notable partie de leurs bêtes, dont ils ne pouvaient plus assurer la subsistance, empêchés d'ensemencer, mes administrés ont vu diminuer leurs ressources. D'autre part, grâce à la délivrance de titres de propriété, on a facilité l'usure ; leurs détenteurs ont trouvé plus de complaisance chez les prêteurs, qui trouvaient un gage certain dans ce titre et une garantie plus efficace dans l'inscription hypothécaire, à laquelle pouvaient être dès lors soumises les propriétés constituées individuellement. Or, il ne faut pas oublier que, malgré soixante ans de civilisation, les Indigènes sont de grands enfants qu'il convient de garder de leur propre entraînement, et que pour eux l'appât de l'argent, n'en auraient-ils aucun besoin, est irrésistible.

Ainsi donc tout s'enchaîne avec une effrayante logique : le manque de récoltes, l'absence de pâturages provoquent la diminution du cheptel, la vente des propriétés, engendrent, par conséquence secondaire. la misère qui. en dernière analyse, influe sur le chiffre de la population, soit par la mortalité soit par l'émigration qu'elle fait naître, car cette dernière n'est pas la seule cause de la diminution des habitants des Braz. Moins riches, les Indigènes deviennent moins polygames et leur qualité prolifique ne suffit plus à compenser les pertes subies par le départ. hors du douar, d'un grand nombre d'entre eux. En outre, les Indigènes subissent cette loi fatale que la population d'un pays est en raison inverse de son degré de civilisation, et quoique ceux-ci n'y adhèrent que péniblement, ils en subissent les effets. Les uns deviennent soldats et ne font plus souche ; d'autres, et combien nombreux, s'adonnent à la boisson avec une âpreté que peu d'ivrognes connaissent chez les Européens ; d'autres, enfin, se jettent dans les plaisirs faciles qu'ils trouvent au sein des grandes villes et dont le raffinement, il faut le reconnaître, est le fruit de la civilisation. Enfin. la mortalité, suite de la misère, n'est pas étrangère à la diminution du nombre de nos habitants.

Tels sont, Monsieur le Sous-Préfet, les renseignements que je puis fournir sur les diverses questions dont M. le Gouverneur général a prescrit l'étude. Elles auraient pu être envisagées à un point de vue plus large, plus étendu. mais le terme fixé pour l'envoi de ce rapport ne permet pas d'y donner plus d'extension.

L'Administrateur,

LUYNES.

Météorologie agricole de la vallée du Chéliff.

En Algérie, on considère comme régions à céréales celles où il tombe de 400 à 600 millimètres d'eau : où il en tombe plus, la récolte a souvent à subir l'excès d'humidité en hiver ; où il en tombe moins, elle devient incertaine, et n'est pour ainsi dire plus possible, que dans les bas-fonds où les eaux d'orage viennent faire l'appoint aux exigences des céréales.

Dans les régions où il tombe 600 millimètres de pluie environ, la récolte est presque toujours assurée ; là, au contraire, où la quantité d'eau tombée annuellement se rapproche du minimum, la récolte devient aléatoire, et elle manque plus ou moins, parfois totalement dans les années sèches, quand ce minimum n'est pas atteint ; il faut alors avoir recours aux irrigations d'hiver.

Dans les terres légères, parfois, quand la répartition des pluies est bonne, il est encore possible de récolter des céréales sans irrigation, même avec moins de 400 millimètres de pluie, mais en terres fortes, quand cette quantité n'est pas atteinte, la récolte manque.

Il y a lieu de remarquer encore que les années où les pluies sont précoces, c'est-à-dire quand elles commencent à tomber en novembre, et si elles sont abondantes pendant les seuls mois d'hiver, la récolte donne beaucoup de grain, quand bien même il ne tomberait pas une goutte d'eau au printemps.

Au contraire, les années sèches en hiver et humides au printemps donnent beaucoup de paille, mais très peu de grain.

Dans la vallée du Chéliff, les terres sont généralement fortes ; la quantité de pluie qui y tombe est un peu supérieure à 400 millimètres. Cette vallée se trouve donc dans la région des céréales, mais presque sur la limite inférieure de cette région. Aussi, dès que l'année est un peu sèche, ou si la répartition des eaux se fait dans de mauvaises conditions, il devient nécessaire pour assurer la récolte, de faire des irrigations d'hiver [1].

---

(1) **PLUIE**

Moyenne annuelle de 15 années.

Sahouria	404 m/m 2
Saint-Denis-du-Sig	420 m/m 2
L'Hillil	490 m/m
Relizane	437 m/m
Saint-Cyprien-des-Attafs	415 m/m 3
Orléansville	442 m/m 4

Il existe une différence bien tranchée entre la vallée du Chéliff elle-même et son bassin. Celui-ci comprend des collines et parfois de hautes montagnes, elles arrêtent les nuages amenés par les vents d'Ouest qui règnent pendant tout l'hiver. Dans la vallée, au contraire, les nuages, ne rencontrant aucun obstacle, sont entraînés par le vent qui les pousse.

Et c'est alors de la vallée, où coule la rivière, où les terres sont fertiles, que partent les plaintes les plus fréquentes des cultivateurs, parce que le vent, qui apporte la pluie chez leurs voisins, devient chez eux un agent de dessication.

Habituellement, les mois les plus pluvieux sont ceux de novembre, décembre, janvier, février et mars ; en avril, la décroissance des pluies est rapide.

Cette indication est précieuse en ce qui concerne la culture des céréales. Année moyenne, celles-ci devraient être en terre au 1er novembre et en canons à la fin de mars.

Il faudrait bien se garder, pour réfuter cet argument, d'insinuer par exemple que, sur les hauts plateaux, à Sétif, en particulier, où il ne tombe pas plus d'eau qu'à Orléansville, des semailles moins hâtives peuvent, cependant, donner d'assez bons résultats.

Si, en effet, la récolte est moins aléatoire dans les régions élevées, c'est que les pluies y tombent, en moyenne, un mois plus tard, avril y est encore un mois pluvieux. Et puis la lumière y est plus vive, le sol y est moins compact et la neige qui le recouvre facilite l'infiltration des eaux.

L'humidité relative est assez élevée dans la vallée du Chéliff, pendant que la température est basse, mais elle décroît rapidement dès que celle-ci s'élève au printemps. Elle se présente à peu près . dans les mêmes conditions qu'à Sidi-bel-Abbès, région renommée pour ses grandes cultures de vignes et de céréales, ainsi que pour ses cultures irriguées. Elle se présente, d'autre part, dans des conditions bien meilleures qu'à Sétif.

Il en résulte que les maladies cryptogamiques y sont rares, que les céréales n'y sont que très rarement sujettes à la rouille et que les cultures arbustives, et en particulier la vigne, y jouissent d'une immunité presque complète aux parasites végétaux qui l'attaquent en général. Seules, les pommes de terre, irriguées généralement, sont atteintes par le peronospora, qui, respectant leurs fannes, s'attaque plus particulièrement à leurs tubercules.

L'humidité relative présente ses maxima en décembre avec 76.9

aux Attafs et 81.5 à Orléansville et ses minima en juillet-août avec 34.8 et 52.2 [1].

L'évaporation [2] est à peu près la même à Orléansville qu'à Sidi-bel-Abbès : elle y est moindre, pendant les mois chauds, qu'à Sétif, elle est toutefois considérable aux Attafs. Il est facile, en examinant les chiffres fournis dans le tableau relatif à l'évaporation, de se rendre compte du sort réservé aux eaux pluviales, selon la saison pendant laquelle elles tombent.

Tandis qu'en hiver, l'évaporation, presque nulle, leur laisse le temps de pénétrer profondément dans le sol, cette évaporation, considérable en été, ne donne pas à la pluie le temps de descendre. Elle fait remonter au contraire le peu d'eau qui a pu pénétrer le sol, d'où celle-ci retourne, avec une rapidité inouïe, à l'atmosphère, sans effet utile pour la végétation.

La température [3] ne présente pas, en ce qui concerne les moyennes, des écarts anormaux dans la vallée du Chéliff. La température moyenne du mois le plus froid, janvier, est 7°7 à Orléansville, de 8°3 à Saint-Cyprien-des-Attafs. Il résulte de l'examen de ces chiffres, que jamais, dans cette région, le froid n'arrête la végétation herbacée et, en particulier, celle des céréales pendant une période durable.

Les minima moyens [4] ne descendent pas au-dessous de $+ 2°4$.

(1) HUMIDITÉ RELATIVE.

	Janvier	Février	Mars	Avril	Mai	Juin	Juillet	Août	Septembre	Octobre	Novembre	Décembre
Orléansville	79.5	77.2	73.4	71.0	61.5	54.8	54.3	52.2	56.9	69.0	75.1	81.5
Saint-Cyprien-des-Attafs	74.1	71.9	68.5	64.0	49.8	40.0	34.8	36.4	50.8	67.4	73.1	76.9
Sidi-bel-Abbès	74.0	73.4	73.6	69.0	66.9	57.1	51.9	52.0	59.0	68.1	72.2	76.4
Sétif	75.4	69.3	66.6	60.7	54.0	48.8	32.5	34.3	51.2	62.7	66.7	77.9

(2) ÉVAPORATION (Moyenne des 24 heures).

	Janvier	Février	Mars	Avril	Mai	Juin	Juillet	Août	Septembre	Octobre	Novembre	Décembre
Orléansville	2.2	2.5	3.6	3.9	5.5	6.8	8.8	9.2	6.7	4.6	2.3	1.7
Saint-Cyprien-des-Attafs	3.3	3.1	5.7	7.6	9.2	12.0	14.9	12.4	11.2	5.7	3.7	2.3
Sidi-bel-Abbès	2.6	2.9	3.4	3.8	4.1	5.7	6.8	7.3	6.0	3.4	2.5	2.0
Sétif	1.8	2.1	3.1	4.1	5.4	7.3	8.6	9.2	6.3	3.6	3.1	1.5

(3) TEMPÉRATURE MOYENNE.

	Janvier	Février	Mars	Avril	Mai	Juin	Juillet	Août	Septembre	Octobre	Novembre	Décembre
Orléansville	7.7	8.7	11.7	13.2	17.5	22.0	26.7	26.5	22.4	16.0	11.8	8.2
Saint-Cyprien-des-Attafs	8.3	10.5	12.3	14.0	16.6	18.6	28.5	28.4	23.0	16.3	12.0	8.7
Sidi-bel-Abbès	7.3	8.1	10.8	11.9	14.7	19.5	23.3	23.4	19.0	13.8	9.6	6.6
Sétif	3.9	4.6	7.8	9.9	13.7	19.3	23.8	23.0	18.6	12.0	7.3	4.2

(4) TEMPÉRATURES MINIMA.

	Janvier	Février	Mars	Avril	Mai	Juin	Juillet	Août	Septembre	Octobre	Novembre	Décembre
Orléansville	2.4	3.5	5.6	7.1	10.9	14.7	18.8	18.4	15.8	10.7	7.5	3.8
Saint-Cyprien-des-Attafs	3.3	5.4	6.2	8.1	10.6	16 »	20.9	20.9	16.4	11.7	7.5	4.7

alors que *les maxima moyens* [1] les plus bas sont de 14°6 en janvier. Les gelées sont exceptionnelles et la végétation herbacée est toujours assurée de températures favorables pendant une partie du jour.

Mais, à côté de ces moyennes, il faut signaler les extrêmes, qui, sans être inquiétants en ce qui concerne les minima qui n'ont jamais dépassé — 9°, le deviennent en ce qui concerne les maxima qui ont atteint 50° à Orléansville [2].

Les maxima absolus qui arrivent en juillet, août, rendent difficiles certaines cultures. En ce qui concerne plus spécialement la vigne, ils s'opposent à une bonne vinification, non seulement parce que les raisins ne sauraient supporter une semblable température sans subir une profonde altération, mais aussi parce que la température ambiante joue toujours un certain rôle dans la vinification, malgré les nouveaux procédés de réfrigération.

Il y a lieu, d'autre part, de signaler quelques gelées printanières qui rendent certaines cultures annuelles, et en particulier la culture de la vigne, assez aléatoires dans la vallée même.

En résumé, la vallée du Chéliff reçoit, en moyenne, une quantité de pluie suffisante pour la culture des céréales, mais cette pluie devient insuffisante toutes les fois que cette moyenne n'est pas atteinte. D'autre part, sa situation encaissée y rend les pluies d'autant plus irrégulières que les grands vents, qui sont sur les montagnes une cause de pluie, n'y provoquent souvent que la dessication du sol ; ces faits expliquent la fréquence des mauvaises récoltes dans cette vallée. Quelques gelées de printemps, des températures excessivement élevées en été en bannissent encore certaines cultures délicates.

Mais des terres d'alluvions d'une profondeur et d'une richesse surprenantes, un hiver relativement doux, une rivière qui ne tarit

(1) TEMPÉRATURES MAXIMA.

	Janvier	Février	Mars	Avril	Mai	Juin	Juillet	Août	Septembre	Octobre	Novembre	Décembre
Orléansville	14 6	16.7	19.9	22 7	28 1	33.2	38.3	38.6	34.0	26.8	19.0	15.1
Saint-Cyprien-des-Attafs	14.9	18.4	20.7	23.1	26.6	35.1	39.8	39.8	34.5	25.1	20.4	14.9
Sidi-bel-Abbès	14.7	16.4	19.0	20 5	24.8	30.5	35.0	35.5	30.4	24.3	19.0	14.9
Sétif	8.6	10.5	14.2	17.2	22.5	27 7	33.8	33.1	28.1	20.6	14.6	9.7

	(2) MAXIMA EXTRÊMES	MINIMA EXTRÊMES
Orléansville	50°	— 9°
Saint-Cyprien-des-Attafs	48°8	— 5°7

jamais sont les avantages qui corrigeront, quand on voudra s'en servir convenablement, les inconvénients énumérés plus haut.

La vallée du Chéliff ne doit pas rester seulement un pays d'élevage et de céréales. Les cultures fruitières sont appelées à y apporter la richesse. Le climat irrégulier auquel sont soumises les terres fertiles de la vallée, l'eau d'irrigation dont elles peuvent disposer, en font la terre classique des cultures fruitières.

Le Rapporteur,

R. MARÈS.

De la Sécheresse dans la vallée du Chéliff et des moyens d'y remédier.

I. — Description sommaire de la vallée du Chéliff.

La portion de territoire que nous avons à étudier s'étend depuis Affreville jusqu'à Relizane; c'est une longue plaine dirigée du Sud-Ouest au Nord-Est, de largeur très variable, bornée au Nord par un massif montagneux d'une hauteur moyenne de 400 mètres au-dessus de la plaine, et limitée au Sud par un autre massif montagneux s'élevant en moyenne de 250 mètres au-dessus de la même plaine.

Tout cet ensemble est de nature argileuse au Nord du Chéliff et de nature plus rocheuse et schisteuse au Sud. La plaine est constituée par les alluvions du Chéliff; le massif montagneux du Nord qui constitue le versant Sud du Dahra est raviné d'une façon profonde et ne donne naissance qu'à de très petits oueds. les eaux de ruissellement s'infiltrant presque partout dans le sol. Le massif du Sud. tout en étant profondément raviné, constitue la première assise des étages successifs aboutissant au massif de l'Ouarsenis où prennent naissance des oueds importants roulant, pendant près d'un tiers de l'année, de très grandes quantités d'eau.

Ces massifs montagneux et la plaine sont, dans la zone que nous avons à étudier, presque complètement dénudés d'arbres. Dans la région entre Affreville et les Attafs, on rencontre encore quelques massifs méritant le nom de bois.

II. — Causes probables de la sécheresse.

Il faut voir dans l'orientation même de la vallée, dans sa situation entre deux massifs montagneux et dans la direction générale des vents régnants. les causes de la sécheresse de la région.

Il faut y ajouter la nature même des terrains qui la composent et le manque complet d'arbres.

En effet, si on observe les phénomènes qui accompagnent la pluie, on remarque que, d'une façon générale, elle est amenée par le vent d'Ouest. Dans les périodes de sécheresse, c'est à la prédominance des vents d'Est et, quand soufflent les vents d'Ouest, aux circonstances que nous allons signaler, qu'il faut attribuer le manque de pluie.

Vers l'automne, la température s'abaisse et de gros nuages s'amoncellent dans la région de la mer : si les vents d'Est soufflent, ils refroidissent l'atmosphère et, généralement, refoulent les nuages vers la région Ouest : le temps est alors toujours beau, les nuits très froides et les journées très chaudes.

Si les vents d'Ouest soufflent, les nuages s'avancent sur notre région, se répandent sur les massifs montagneux du Nord et du Sud, mais on les voit se partager, dès qu'ils passent sur la vallée du Chéliff ; un vent très violent accompagne ce phénomène, et alors que dans la région de Ténès et dans le massif de l'Ouarsenis la pluie tombe en abondance, il ne tombe rien dans la région d'Inkermann aux Attafs, et, quelquefois, la région des Attafs à Affreville ne reçoit pas d'eau non plus. Mais, généralement, on voit les nuages qui se sont écartés sur la basse vallée se reformer dans l'Est, et la pluie tomber aussi bien sur les massifs montagneux que dans la haute plaine du Chéliff.

Vers le printemps, au moment où les pluies sont le plus nécessaires, le même phénomène se reproduit, et, quand le vent d'Est prédomine, il se produit, vers le matin, de fortes gelées.

L'explication de ces phénomènes est la suivante :

La pluie, dans toute la région Ouest de l'Algérie, provient de l'évaporation de l'eau de mer, évaporation très rapide qui amène un grand nombre de nuages sur des régions fortement échauffées par le soleil ; la condensation de ces nuages en pluie ne pourrait donc se faire que par suite d'un abaissement de température. Ces nuages rencontrant les massifs du littoral et les massifs de l'Atlas, situés à environ 120 kilomètres de la mer, sont arrêtés, absorbent de la chaleur, se refroidissent, puis se condensent en pluie ; mais, partout où se trouvent des plaines, la terre, beaucoup plus échauffée que sur les montagnes, surtout lorsque, comme la plaine du Chéliff, elles sont composées d'alluvions argileuses, s'entoure d'une couche d'air chaud qui, non-seulement s'oppose à la condensation des nuages, mais en produit l'évaporation d'autant plus facilement que ces nuages, très peu chargés de vapeurs, ont déjà été échauffés par le mouvement qui leur est imprimé par le vent.

C'est ce qui explique, d'une part, le grand nombre d'années consécutives pendant lesquelles les pluies sont rares et aussi la répartition très capricieuse du peu d'eau qui tombe.

En effet, pour qu'il tombe beaucoup d'eau dans la région du Chéliff, il faut une année froide, non-seulement en automne, mais encore en hiver, et une prédominance marquée des vents d'Ouest.

Or, cela ne peut se produire que si toute une région notable de l'Europe et de l'Ouest de l'Afrique est affectée du même phénomène ; mais c'est l'exception, car on sait que le Maroc, la province d'Oran et l'Espagne sont des régions où il pleut rarement ; par conséquent, lorsque le régime de ces contrées ne présente rien d'anormal, le phénomène de production de nuages dans la région Ouest du Chéliff et de leur évaporation successive au moment de leur passage au-dessus de cette vallée, prend un caractère de périodicité et de continuité remarquable.

III. — Reboisement.

Connaissant les causes de la sécheresse, nous pourrons en indiquer les remèdes.

Les causes tenant à la situation même de la vallée, son orientation et son altitude ne pouvant être modifiées, il y a lieu de voir s'il ne serait pas possible de remédier à celle qui provient de l'échauffement considérable de la plaine et des deux versants qui la bordent.

On a préconisé pour cela le reboisement des parties montagneuses, croyant ainsi, en augmentant la hauteur par des arbres de haute futaie, arrêter les nuages, produire une absorption considérable de chaleur et la condensation en pluie des nuages.

Cette théorie ne semble guère être en harmonie avec des faits bien connus et, d'ailleurs, avant de pouvoir boiser tous les massifs qui bordent notre vallée, il s'écoulerait un temps considérable pendant lequel la sécheresse continuerait comme par le passé. Mais si le boisement ainsi compris ne paraît pas susceptible de donner des résultats pratiques, il n'en est pas de même de la mesure qui consisterait à augmenter, dans des proportions considérables, les plantations d'arbres de toutes espèces, soit dans la plaine, soit sur les massifs montagneux, formant dans toute la région comme une sorte de damier dont des lignes d'arbres arrêteraient les limites entre les cases, avec, de temps en temps, des massifs plus ou moins fourrés et tapissant ainsi tout le sol d'une verdure épaisse.

Il n'est pas douteux que si, par des mesures bien comprises, on pouvait, en peu d'années, planter dans toute la région quelques millions d'arbres, on mettrait ainsi à l'abri de la chaleur du soleil une très grande portion du sol qui se chaufferait moins le jour et se refroidirait moins la nuit. On supprimerait ainsi, dans une proportion sérieuse, cette couche d'air très chaud qui, même en plein hiver, forme comme un dôme brûlant au-dessus de toute la plaine du Chéliff ; et les nuages qui passeraient alors au-dessus de notre vallée, étant moins chauffés que maintenant, prendraient une bonne partie du froid produit sur ceux qui passeraient au-dessus des massifs montagneux et se répandraient en pluie avec plus de facilité.

Tout le monde pourrait alors concourir à cette œuvre considérable. L'Administration, dans les régions forestières ou domaniales, le département, par des mesures spéciales d'encouragement, les communes sur leurs propres biens et les particuliers sur leurs terres.

Il y aurait là une œuvre difficile à entreprendre, mais qui semble être la seule efficace pour modifier cette région.

IV. — CAPTAGE DES EAUX DE RUISSELLEMENT. — FOSSÉS, BASSINS, PETITS BARRAGES.

Puisque l'eau du ciel fait défaut et que, quand elle tombe, elle n'arrive pas toujours au moment propice pour les cultures, et qu'enfin une portion seulement est utilisable immédiatement (tout le reste s'écoulant par les ravins et les oueds pour se perdre à la mer), il a fallu songer à capter une partie des eaux qui se perdent, les emmagasiner pour les employer au moment favorable et établir une quantité d'ouvrages pour les prendre dans un point et les transporter sur tout un territoire.

Tout d'abord, voyons ce que l'on peut faire pour utiliser les eaux qui s'écoulent sur les pentes, viennent ruisseler au fond des ravins et s'infiltrent ou se perdent une fois la pluie terminée.

Dans les deux massifs montagneux compris dans la région que nous étudions, les Indigènes ont été amenés à utiliser naturellement certains creux de ravins où de petites terrasses s'étaient formées, et qui, par une disposition spéciale, ramassaient les eaux s'écoulant des pentes environnantes ; ils y ont *planté des jardins* et c'est grâce à eux que bien des Indigènes de la région montagneuse ont pu suppléer à l'insuffisance des récoltes de céréales. Mais, ce qui n'est que l'exception et une conséquence fortuite des dispositions de la nature, la main de l'homme peut le multiplier et utiliser systématiquement toutes les eaux de ruissellement.

En Tunisie, il existe des régions où l'on a construit dans ce but, sur le flanc des ravins, des fossés ramassant les eaux, les amenant dans un petit bassin supérieur qui, une fois plein, déborde dans un bassin inférieur et ainsi de suite, par étages successifs, amène l'eau au pied de la montagne où elle est ensuite utilisée à des cultures de toutes sortes.

Ce système paraît excellent et il y aurait lieu de l'expérimenter dans tous les endroits où il semblerait pouvoir donner de bons résultats.

Mais, sans espérer obtenir de véritables irrigations, il est possible, par des moyens encore plus simples, d'établir dans tous les ravins, quels qu'ils soient, et par étages successifs, de petites terrasses de terre végétale, bordées par un petit mur de soutènement ou des fascines, et sur lesquelles on planterait des arbres et on pourrait faire la culture de quelques plantes autres que les céréales. Ces ouvrages, peu coûteux, constitueraient autant de jardins, susceptibles de venir en aide aux populations indigènes, alors que sur les flancs même des massifs on ne pourrait obtenir d'eux la plantation d'arbres qui ne leur paraîtrait pas d'une utilité immédiate.

D'autre part, au pied de tous les massifs montagneux, soit au Nord soit au Sud, il serait possible d'avoir des portions plus fraîches et plus humides, en captant les eaux de ruissellement au moyen de fossés judicieusement orientés et de bassins économiquement construits, dans le genre des « R'dirs » ; c'est là une pratique que les Romains ont souvent employée.

On pourrait, à cet égard, s'inspirer de ce qui a été fait par M. Dessoliers, de Ténès.

Enfin, dans le lit des oueds, il est possible d'établir des murs formant barrages et ne dépassant que d'un très faible relief le fond du lit. Avec une somme d'argent relativement minime, on peut ainsi dériver, pendant toute la période des pluies, une assez grande quantité d'eau ; mais, dès le mois de mai, il n'y faut plus compter.

Nous verrons plus tard quels services, cependant, peuvent rendre pendant l'hiver de pareilles dérivations.

En résumé, l'organisation d'une multitude d'ouvrages construits à bon marché, entretenus ou refaits tous les ans, entraînant, comme conséquence, la plantation de nombreux arbres, semble, pour une grande partie, répondre aux besoins de tous les petits cultivateurs éprouvés par la sécheresse. Il ne restera plus qu'à indiquer les moyens pratiques pour établir ce réseau d'ouvrages.

V. — Barrages.

Les ouvrages, dont nous avons parlé dans le paragraphe précédent, sont plutôt du ressort de l'initiative privée et ne constituent qu'un palliatif pour les habitants même des massifs montagneux et du pied des montagnes. Il fallait, pour la plaine, songer à utiliser toutes les eaux courantes des oueds et du Chéliff.

L'Administration a fait étudier tous les ouvrages que l'on pouvait construire et quelques-uns d'entre eux ont été exécutés. Il est permis d'affirmer que la colonisation ne pourra se développer sérieusement que le jour où, dans toute la plaine, il sera possible de dériver toutes les eaux courantes. Une Commission a été instituée spécialement pour l'étude des ouvrages à faire et nous avons la certitude qu'elle a élaboré un programme complet.

Les barrages sont de deux sortes : de Dérivation ou Réservoirs.

Les premiers sont généralement moins coûteux et ne présentent guère de danger.

Les seconds sont presque toujours des ouvrages gigantesques qui, malgré toutes les précautions, se rompent sous la poussée des eaux.

Les premiers, sauf en ce qui concerne le Chéliff, ne donnent pas toujours de l'eau en été, et c'est alors que les barrages-réservoirs peuvent suppléer à leur insuffisance. Mais, d'une façon générale, ils sont les seuls ouvrages permettant l'irrigation continue et le développement de la culture intensive. Ils constituent la base même de toute colonisation.

L'eau, ainsi captée, est ensuite répandue au moyen de canaux principaux et de plusieurs réseaux de canaux secondaires qui permettent ainsi d'irriguer une très vaste surface.

Les usagers, constitués en Syndicat, règlementent eux-mêmes la distribution des eaux.

VI. — CAPTAGE DES EAUX SOUTERRAINES. — (PUITS ARTÉSIENS, NORIAS, ETC.)

Pour terminer, il nous reste à parler du captage des eaux souterraines.

Dans le lit de certains oueds qui paraissent complètement desséchés, on peut, au moyen de drainages bien conduits, capter les eaux d'infiltration qui coulent en ruisseaux souterrains. — Les Romains ont laissé de nombreux vestiges de prises d'eau de ce genre et leur exemple a été souvent suivi par l'Administration.

Enfin, on peut aller chercher les nappes souterraines au moyen de puits.

Dans certaines régions, on peut espérer, au moyen de forages profonds, ramener les eaux artésiennes à la surface. Quelques essais ont été faits qui n'ont pas encore donné de bien bons résultats ; il y aurait lieu de continuer, cependant, ces essais, qui paraissent devoir être plutôt susceptibles de réussite dans la région d'Inkermann.

Quant aux puits ordinaires, ils ne peuvent servir aux eaux d'irrigation que lorsque leur profondeur ne dépasse pas 15 mètres.

Il n'existe pas encore de noria assez perfectionnée pour pouvoir, sans une très grosse dépense, utiliser ainsi l'eau des puits. Il paraît difficile de faire adopter ce système par la petite culture, d'autant plus que l'eau des puits manque d'air et n'a jamais la même action fertilisante que l'eau des rivières ou l'eau de pluie.

VII. — ÉTUDE SOMMAIRE DES RÉGIONS DU CHÉLIFF OÙ EXISTENT DES OUVRAGES D'UTILISATION DES EAUX.

1° *Orléansville*. — Le territoire d'Orléansville est irrigué par les eaux dérivées du Chéliff. Un barrage de 85 mètres de longueur, construit dans les gorges, à 4 kilomètres environ en aval de l'Oued-Fodda, à 22 kilomètres en amont d'Orléansville, retient les eaux du Chéliff et les dévie dans un canal tronc-commun d'une longueur de 23 kilomètres.

Ce canal peut porter 1.500 litres, mais les principaux travaux d'art ont été faits pour débiter 3,000 litres à la seconde.

Au kilomètre 23, c'est-à-dire au partiteur, les eaux sont partagées entre la rive gauche et la rive droite.

Le canal de rive gauche a une longueur de 24 kilomètres ; il peut débiter 800 litres à la seconde et les ouvrages d'art 1,500 litres jusqu'au 14e kilomètre ; à partir de ce point, le canal ne peut débiter que 300 litres à la seconde.

Le canal de rive droite a une longueur de 23 kilomètres ; il peut débiter 600 litres à la seconde, mais le siphon sous le Chéliff a été fait pour débiter 2,000 litres à la seconde.

Le barrage et le canal tronc-commun sont entretenus aux frais de l'État : la dépense annuelle est de 16,000 francs. Le canal de rive gauche du Chéliff est entretenu par le Syndicat, les frais d'entretien sont de 4,000 francs. La redevance payée à l'État par ce Syndicat est de 40 francs par litre d'eau souscrit.

2° *Oued-Fodda et Vauban*. — Les villages d'Oued-Fodda et de Vauban sont irrigués par les eaux de l'oued Fodda ; le canal a un développement de 14.600 mètres ; il peut débiter 300 litres à la seconde ; ce débit est très variable ; jusqu'à fin mai, il peut être dérivé 300 litres, mais en juin, juillet, août et septembre, le débit de la rivière tombe à 100 et 80 litres, et, pendant les années de sécheresse, son débit n'est plus que de 50 litres.

Les usagers de Vauban ne peuvent faire que des cultures printanières, parce que quand le débit n'est plus que de 80 litres, le village d'Oued-Fodda seul en profite.

Un siphon de 1,800 mètres de longueur amène les eaux au point culminant du village, d'où elles sont réparties dans les jardins. Un projet comprenant des travaux de captage en amont de la prise d'eau actuelle a été établi ; il amènera pendant l'été un débit de 150 à 200 litres à la seconde.

Le canal et les ouvrages d'art sont entretenus par le Syndicat ; la dépense d'entretien est de 2.000 francs. Le Syndicat ne paie pas de redevance à l'Etat.

3° *Lamartine*. — Le village de Lamartine est irrigué également par les eaux dérivées de l'oued Fodda. La prise d'eau, située à la sortie des gorges, permet de dériver toutes les eaux de la rivière.

Ce canal a un développement de 12 kilomètres et peut débiter 300 litres à la seconde, mais, ici encore, le débit de la rivière est très variable ; jusqu'en mai, on peut être assuré d'avoir ce débit de 300 litres et pendant l'été de 100 à 150 litres.

L'entretien du canal et des ouvrages d'art est à la charge du Syndicat : la dépense annuelle est de 2.000 francs. Le Syndicat ne paie pas de redevance à l'Etat.

4° *Oued-Rouïna*. — Les travaux de construction d'une conduite d'eau pour l'alimentation du village de Rouïna et des canaux pour l'irrigation d'une partie des terres de ce village sont en voie d'exécution. Le captage de la nappe souterraine de la rivière permettra de donner de l'eau aux colons pendant tout l'été pour l'irrigation de leurs lots de jardins.

Le rapporteur ne peut donner de renseignements sur les centres de Carnot, Malakoff, Charon, Inkermann, Saint-Aimé et Relizane qui n'ont pas fourni les renseignements demandés.

VIII. — DANS QUELLES CONDITIONS L'EAU EST RÉPARTIE ACTUELLEMENT. —
    CE QU'ON EN FAIT. — CE QU'ON PEUT EN FAIRE. — EAU D'HIVER. —
    EAU D'ÉTÉ.

Du paragraphe précédent, il résulte que sauf le barrage du Chéliff qui dérive à l'étiage une quantité de 1.500 litres à la seconde, toutes les autres dérivations ne donnent presque plus d'eau dès qu'arrive le mois de mai, par conséquent, les villages de la plaine du Chéliff, quand ils ont de l'eau, n'utilisent que les eaux d'hiver et de printemps. Le centre de Lamartine cependant est un peu plus privilégié sans, pour cela, l'être autant que les usagers du Chéliff.

Les eaux d'irrigation sont utilisées pour la culture de plantes alimentaires qu'il est impossible d'avoir en se contentant de l'eau des pluies. Elles permettent aussi la plantation d'arbres fruitiers et de plantes fourragères.

Tous les centres de colonisation qui sont dotés d'eau d'irrigation deviendront rapidement prospères, à la condition que cette eau soit en quantité suffisante ; mais, à part la culture de la luzerne, à laquelle chaque colon ne peut consacrer qu'une très faible partie de terres, la culture irriguée n'est qu'un appoint, sérieux il est vrai ; en effet, par suite de la baisse considérable des prix des fruits et denrées alimentaires de toutes sortes, on ne peut, en l'état actuel, demander à l'irrigation que de parer à l'insuffisance de la récolte des céréales.

En ce qui concerne la région même d'Orléansville, la situation n'est plus tout à fait la même ; sauf le centre de Pontéba qui, jouissant d'une situation spéciale, profite de l'eau d'irrigation et en retire des résultats très satisfaisants, tous les autres usagers ne peuvent plus tirer un véritable profit de leurs irrigations pour les raisons que nous allons exposer.

Tout d'abord, l'Administration, par suite d'une décision remontant à 20 ans, a imposé une redevance de 40 francs par litre que, depuis plusieurs années, les usagers ont été obligés de payer. — Indépendamment de cette taxe, les usagers ont à payer les frais d'entretien de leurs canaux et auront bientôt à payer les frais d'entretien du canal tronc-commun et du barrage. — Il ne faut pas estimer à moins de cent francs par litre l'ensemble des charges à acquitter par les usagers du Chéliff. Or, il n'existe aucune culture, parmi celles actuellement pratiquées dans notre région, qui puisse rémunérer le cultivateur qui supporte une charge aussi lourde.

Il est donc indispensable que l'Administration diminue, d'une façon très notable, la redevance à payer par les usagers qui, bien que prémunis contre la sécheresse, se trouvent cependant aussi mal lotis que leurs voisins non irrigants, par suite des exigences de l'Administration.

Il est à craindre aussi que l'Administration n'en vienne à exiger une redevance de tous les usagers de la plaine du Chéliff, passés, présents et futurs, et il est de notre devoir de signaler comme une véritable calamité le fait de vouloir à toute force exiger des redevances exagérées sur l'eau d'irrigation, qui constitue, avec les voies de communication, les seuls moyens réels et pratiques de développer l'agriculture dans la région que nous étudions.

Nous avons vu que, d'une façon générale, on ne recueillait en ce moment que les eaux d'hiver pour servir à l'irrigation. Il semble donc que le problème ne soit pas résolu : cependant l'étude des différentes cultures démontre que si les eaux d'hiver sont indispensables tous les ans, ces arrosages suffisent à bien des plantes, surtout à celles qui poussent spontanément dans le pays pour lesquelles les arrosages d'été doivent même souvent être évités.

L'olivier, l'amandier, la vigne, doivent être abondamment arrosés l'hiver et, dès le mois de mai, peuvent se passer complètement d'arrosage, à la condition de biner fréquemment les pieds : on peut affirmer que l'on obtiendra ainsi de bien meilleurs résultats qu'en se contentant, l'hiver, de l'eau de pluie et en arrosant l'été.

La luzerne elle-même peut donner de bons résultats en l'arrosant abondamment pendant l'hiver et, dans les parties où l'arrosage fait complètement défaut, elle passe alors très bien la saison d'été.

Les arrosages d'hiver sont d'autant plus nécessaires que, comme nous l'avons dit plus haut, le régime des eaux de pluie est extrêmement capricieux.

La pluie, dans nos régions, tombe par intermittence, par grandes ondées séparées les unes des autres par des semaines entières de beau temps : l'eau s'infiltre à peine dans les terres et la surface se dessèche rapidement. Si l'on n'a pas à sa disposition l'eau d'irrigation, on voit dépérir les plantes et, au printemps, les résultats sont nuls ou très faibles.

On peut donc dire que les arrosages d'hiver sont les plus importants et peuvent, par une pratique bien entendue, suppléer aux arrosages d'été : mais ceux-ci sont néanmoins indispensables à certaines cultures et il serait à désirer que l'on puisse en doter toute la région.

En ce qui concerne l'utilisation des eaux d'irrigation, nous ferons observer qu'elle ne peut donner de bons résultats qu'à la condition de fumer convenablement les terres pour éviter leur affaiblissement en matières fertilisantes, les briser fréquemment pour aérer la plante, faciliter le phénomène de capillarité et conserver la terre plus fraîche.

En négligeant ces moyens, il arrive fréquemment qu'avec une quantité d'eau considérable on obtient des résultats médiocres.

Indépendamment des cultures de racines alimentaires et d'arbres fruitiers, l'irrigation peut permettre la culture des céréales : elle nécessite une préparation préalable du terrain et une quantité d'eau assez abondante : mais, en ne faisant l'arrosage du blé que dans la période d'hiver, on peut affirmer que le rendement sera toujours très satisfaisant, quelles que soient les conditions du printemps et de l'été. Il y aurait lieu de voir s'il ne serait pas possible d'utiliser l'énorme quantité d'eau roulée par le Chéliff en

hiver pour arroser, vers le mois de janvier toutes les terres à
céréales de la plaine.

Les résultats obtenus par quelques propriétaires paraissent assez
concluants pour que la question soit étudiée sérieusement.

Il n'entre pas dans le cadre de cette étude d'examiner toutes les
plantes qui peuvent réussir au moyen d'irrigations, mais nous
pouvons constater que ce sont surtout les arbres, les racines
alimentaires et les fourrages, parmi lesquels il faut mettre la
luzerne au premier rang, qui pourront amener la prospérité dans
notre région. Il faut donc développer les irrigations le plus possible et faire disparaître ainsi une des causes les plus importantes
de la misère.

IX. — ÉTUDE DE LA PART REVENANT A L'ADMINISTRATION, AUX COM-
MUNES ET A L'INITIATIVE PRIVÉE POUR L'EXÉCUTION DES TRAVAUX AGRI-
COLES QUI FONT L'OBJET DE CETTE ÉTUDE.

Nous avons étudié successivement tous les moyens d'utiliser les
eaux pluviales ; tout d'abord, nous avons préconisé la construction
de nombreux petits ouvrages dans les ravins et au pied des pentes ; ces ouvrages ne peuvent être faits évidemment que par les
propriétaires du sol ; si ce sont des Européens, c'est au moyen de
conférences faites dans les centres même où l'on fera ressortir par
des exemples les résultats obtenus dans d'autres centres, que l'on
pourra les instruire. Les Comices agricoles pourront aussi contri-
buer à faire comprendre l'utilité de pareils ouvrages, qui n'auront
un effet sérieux que lorsqu'ils seront très répandus.

Dans le cas où nous aurons à nous adresser à des Indigènes, il
ne sera possible d'agir sur eux que par l'intermédiaire de l'Administration. Dans l'état actuel, il ne faut pas compter pouvoir améliorer la situation agricole des Indigènes, en agissant sur eux par
simple persuasion ; on pourra, au contraire, faire beaucoup, en
ayant recours à d'anciennes coutumes dont ils ont encore conservé
la tradition, et en leur imposant des travaux agricoles d'une utilité
générale ; il faut aussi prendre, administrativement, les mesures
destinées à conserver les travaux faits et à préserver les plantations.

Pour les travaux désignés sous le nom de Barrages, c'est à l'Administration seule qu'incombe leur constructio ; nous ne pouvons
qu'exprimer le vœu que l'on mette à l'étude, en dehors des ouvrages considérables et toujours coûteux, destinés à dériver de
grandes quantités d'eau, la construction de nombreux ouvrages
beaucoup plus économiques, plus rapides à construire et pouvant

dériver, dans un laps de temps moins long, des quantités d'eau moins grandes, mais répondant plus immédiatement aux besoins de chaque région.

En ce qui concerne les départements et les communes, leur concours pourrait s'exercer au moyen de subventions et d'encouragements pécuniaires pour le développement des plantations d'arbres et des cultures les plus variées.

L'initiative privée sera toujours subordonnée aux facilités créées par l'Administration ; et, si celle-ci fait tout ce qu'elle doit pour développer l'outillage économique, l'initiative des colons sera toujours suffisante pour arriver au rapide développement de notre contrée si déshéritée et qui pourrait devenir si riche.

Le Rapporteur,

J. CASANOVA.

Des Eaux d'irrigation et des Eaux de ruissellement.

La sécheresse du climat est, à des degrés divers, le principal obstacle au développement de l'agriculture en Algérie, et dans la vallée du Chéliff plus que partout ailleurs.

Dans les régions d'Algérie, même là où il tombe autant de pluie qu'en France, cette pluie est répartie trop inégalement entre les différentes saisons et arrive fréquemment d'une façon si brusque, qu'elle ne suffit pas toujours à assurer les récoltes sans le secours de l'irrigation.

Le bassin du Chéliff proprement dit, c'est-à-dire la portion du fleuve qui porte ce nom, depuis Boghari à la mer, comprend 2,000,000 d'hectares environ, dont près de 800,000 constituent le bassin d'un seul des affluents du Chéliff : la Mina.

La superficie des terres en plaine de la vallée du Chéliff est approximativement de 100,000 hectares ; la superficie des terres arrosables est d'une égale étendue.

Et si l'on consulte les projets des Ponts et Chaussées, on voit que les travaux qu'ils comportent permettraient d'arroser, alternativement, le quart environ de cette superficie, soit 25,000 hectares, alors qu'actuellement la superficie des terres irriguées ne dépasse pas 10,000 hectares.

Parmi ces terres irrigables, les unes reçoivent des irrigations d'hiver, c'est-à-dire durant la période qui s'étend de novembre à avril, les autres des irrigations d'été, c'est-à-dire d'avril à novembre.

Les irrigations d'hiver ne sont qu'un complément qui vient s'ajouter aux eaux pluviales, pour satisfaire aux besoins des cultures d'hiver et, en particulier, des céréales et des plantes fourragères. Il est facile, en effet, de remarquer qu'en Algérie, pendant l'hiver, la moindre pluie mouille le sol et que l'humidité de la surface, qui n'est pas évaporée par les rayons d'un soleil terne et par une brise saturée d'humidité, pénètre de plus en plus profondément dans le sol, qui reste longtemps détrempé.

D'autre part, le débit des rivières les plus régulières et permanentes d'Algérie est, pendant la période hivernale, dix fois supérieur au moins à celui de l'étiage.

Il en est tout autrement en été. Tous les jours, à un soleil brûlant se joint une brise qui fraîchit quelquefois jusqu'à l'excès et qui dessèche si rapidement la surface du sol, qu'elle ne laisse même pas à la pluie le temps de le pénétrer ; mais, si une pluie d'une violence extrême est arrivée à vaincre ces obstacles à sa pénétration dans le sol, la capillarité entre en jeu, et, en peu de jours, ramène à la surface toute l'eau qui avait pu y pénétrer.

Aussi, entend-on dire bien souvent, que l'eau d'été ne mouille pas, et il est de fait que les récoltes de vignes, aussi bien que celles de céréales, ne sont belles et riches que les années pendant lesquelles les pluies ont été, non seulement précoces, mais surtout abondantes en hiver, tandis que les pluies de printemps, si elles ont quelque action sur la production herbacée, sont, au contraire, dangereuses en ce qui concerne la production de la graine : grain de raisin ou grain de blé.

La nature des cultures que l'on peut exécuter pendant l'été ne se prête pas à une grande extension.

Les irrigations d'été sont donc limitées à de très faibles espaces. Les irrigations d'hiver, au contraire, paraissent susceptibles de prendre une extension pour ainsi dire illimitée, le jour où on en aura compris les immenses avantages et où l'on s'occupera sérieusement de l'aménagement des eaux de ruissellement.

Actuellement, en dehors de rares exceptions qui tiennent à des causes qu'il serait bien long de décrire ici, la plupart des eaux d'étiage des rivières permanentes sont utilisées. Il en est de même de celles des sources.

Quant aux puits, que l'on pourrait multiplier dans des proportions considérables, on sait que l'eau qu'ils donnent, tous frais d'élévation et d'amortissement compris, ne revient pas à moins de 0 fr. 20 le mètre cube à une profondeur de 8 à 12 mètres. L'emploi de ces eaux ne peut donc être profitable que pour des cultures riches.

Quant aux barrages, l'irrégularité même de notre climat en rend l'usage et la construction délicats.

Parfois, en effet, il arrive, comme l'an dernier, que leur bassin ne reçoit pas assez de pluie pour les remplir. D'autre part, l'eau qu'ils renferment revient à un prix élevé. Je citerai, comme exemple, le barrage du Tlélat où le coût de l'eau s'élève à 0 fr. 36 le mètre cube.

Il serait donc dangereux de vouloir multiplier, outre mesure, les cultures qui ne peuvent vivre que d'irrigations d'été, telles que l'oranger, le coton, le tabac, les cultures maraîchères, etc.

Mais il n'en est pas de même de l'irrigation d'hiver, qui est encore loin d'avoir atteint le développement qu'elle est susceptible d'acquérir en Algérie.

Il semble qu'actuellement ce dernier mode d'irrigation, en dehors des hauts plateaux, où les Indigènes profitent avec beaucoup d'intelligence des eaux d'orage et de ruissellement pour assurer leurs récoltes, n'a pris d'essor que dans les pays que sont venus coloniser les Espagnols, qui, depuis des siècles, utilisent les eaux d'hiver pour la culture des céréales. Aussi, de tous les côtés dans le département d'Oran, voit-on les canaux de dérivation couler à pleins bords pendant l'hiver, et l'on peut dire que les 78,000 hectares de terres irrigables de ce département sont, alternativement, arrosées, et l'hiver seulement, pour suppléer au manque de pluies nécessaires à la culture des céréales principalement.

Le dernier mot est-il dit pour les irrigations d'hiver ? Certainement non. Si les irrigations d'été ne sont plus susceptibles de faire des progrès sensibles, celles d'hiver, au contraire, doivent se multiplier à l'infini et le devoir des associations agricoles, de l'Administration, de l'enseignement agricole, est d'essayer d'en démontrer l'utilité aux cultivateurs.

Il y a toute une catégorie de colons pour lesquels les bienfaits de l'irrigation d'hiver n'ont plus de secrets. Ce sont ces Valenciens, dont je parlais plus haut, qui sont venus s'établir dans la province d'Oran, et en particulier dans les villages de St-Denis-du-Sig, de Perrégaux, de Relizane. Quand on traverse ces régions, en octobre, en novembre, décembre, si l'année est sèche, on ne voit que des terres fraîchement ensemencées et largement irriguées par submersion.

Ce premier arrosage suffit à faire lever les céréales et à les conduire jusqu'à l'époque du tallement. Alors, un second arrosage vient gorger la terre, et il n'est plus donné d'eau habituellement jusqu'à la récolte à laquelle ces deux arrosages suffisent pour arriver à maturité.

Ces arrosages consomment une couche d'eau de 15 centimètres environ d'épaisseur, soit un décilitre d'eau par seconde pendant toute l'année et par hectare, c'est-à-dire à peine ce qu'il faudrait pour irriguer 10 ares de terre maraîchère.

Mais, comme je le disais en commençant, ce décilitre d'eau est consommé pendant l'hiver alors que *l'eau descend* et sert de complément aux eaux pluviales, tandis que, pendant l'été, *l'eau remonte*.

Il semble résulter de ces faits, et la pratique le confirme, que pendant le semestre d'hiver, alors que les cours d'eau roulent généralement une masse d'eau dix fois plus considérable que celle qu'ils rendent à l'étiage, le litre d'eau a plus de valeur que pendant la période d'étiage elle-même.

Or, celle-ci est la seule sur laquelle il est permis de compter, quand on ne peut faire que des irrigations d'été.

Dans le département d'Oran, les irrigations d'hiver sont considérées comme celles qui paient l'eau au plus haut prix. En effet, si nous prenons un exemple, nous voyons qu'à St-Denis-du-Sig, où le Syndicat dispose encore d'une quarantaine de litres d'eau, qu'il vend chaque année aux enchères, le décilitre d'eau d'hiver est vendu 20 francs, alors que le décilitre d'eau d'été est vendu 8 à 10 francs.

J'ajouterai qu'à St-Denis-du-Sig, le décilitre d'eau inaliénable revient à 8 francs, soit 80 francs le litre, et que personne ne se plaint de ce prix qui n'empêche nullement d'obtenir, des terres irriguées, des rendements rémunérateurs.

A Orléansville, au contraire, où le canal est à sec pendant tout l'hiver, et où les eaux du Chéliff ne sont utilisées qu'en été et au printemps, le prix de 70 francs le litre est considéré comme prohibitif. Ces exemples démontrent nettement, au point de vue économique, l'avantage des irrigations d'hiver sur celles d'été.

L'utilité de ces irrigations, en ce qui concerne les céréales, se manifeste surtout toutes les fois qu'il tombe moins de 600 ^{mm} d'eau, ou que les pluies arrivent tardivement.

L'irrigation n'est pas utile seulement aux céréales. Les cultures arbustives en retirent les meilleurs résultats.

En Tunisie et dans le Guergour (Algérie), les bonnes années d'olives sont celles où les inondations ont recouvert les plaines dans lesquelles sont plantés les oliviers, ou bien celles dans lesquelles les bassins, aménagés au pied des arbres plantés à flanc de coteau, ont été remplis par les pluies d'orage que des fossés, longs souvent de plusieurs centaines de mètres, amènent des parties incultes.

Ces dernières irrigations, par bassins étagés et collecteurs des eaux de ruissellement, qui n'utilisent que les eaux d'orage, permettent la culture très rémunératrice de l'olivier dans des régions où il tombe moins de 400 ^{mm} d'eau.

Elles ont, en outre, l'avantage de favoriser l'infiltration des eaux pluviales, de soustraire aux ravinements les ravins, au fond desquels il devient possible de créer des jardins qui sont irrigués au moyen de puits dont le débit est d'autant plus considérable que les travaux de retenue, opérés dans les olivettes situées au-dessus, ont aidé à l'infiltration des pluies.

Il est intéressant de noter, en passant, que les Maures qui font ces irrigations sont originaires de l'Andalousie et ont la même origine que les Espagnols qui, dans la province d'Oran, ont si bien su aménager et utiliser les eaux d'hiver.

Il est inutile de répéter ici ce que savent tous les viticulteurs, c'est que les années où leurs vignes donnent de gros rendements, sont celles où les pluies d'hiver ont été abondantes, celles de printemps feraient-elles absolument défaut.

Mais s'il est facile d'arroser les cultures arbustives en retenant à leur pied, au moyen de buttes de terre, les eaux de ruissellement, provoquant ainsi de petites inondations à espaces irréguliers, il n'en est pas de même, quand il s'agit de la culture des céréales.

Pour arroser ces plantes, les eaux des gros orages sont presque inutilisables. Il faut, autant que possible, que le cours d'eau utilisé soit relativement régulier et qu'il dure jusqu'en mars ou en avril. Quelques rivières réunissent ces conditions, mais elles sont la minorité.

Mille remèdes ont été proposés pour améliorer la situation actuelle, et, parmi eux, les grands barrages-réservoirs et le reboisement ont tenu la tête ; mais ce sont là des moyens dispendieux. Il est intéressant, cependant, d'envisager la question sous ces points de vue divers. En effet, dans le cas des barrages, les résultats acquis sont réels.

Il s'agit donc de trouver un moyen terme qui, tout en présentant partiellement les avantages de ces deux systèmes et sans nuire à leur réalisation future, mais, par des moyens économiques, se rapproche autant que possible du but que l'on se propose d'atteindre, à savoir : d'augmenter le débit moyen des cours d'eau en quantité et en durée.

Les barrages grandioses qui ont été construits par nos ingénieurs ont incontestablement amélioré le sort des régions qu'ils commandent, mais, comme on l'a vu plus haut, leur construction coûte fort cher et ils ne peuvent livrer l'eau qu'à un prix très élevé.

Quant au reboisement, il n'a consisté jusqu'à ce jour qu'en déboisement. Le personnel forestier et les crédits qui lui sont alloués ne sont pas suffisants pour entreprendre des reboisements dignes de ce nom. Ses méthodes, d'autre part, conduisent tout droit au déboisement.

Tout au plus, voit-on, en Algérie, quelques bouquets d'arbres que l'on décore du nom pompeux de reboisements et qui, en soixante ans, sont venus ombrager quelques dizaines d'hectares de bonnes terres de culture, alors que par suite de la sécurité relative des biens et des personnes des centaines d'hectares de forêts sont, chaque année, ravagés par le feu.

En effet, la hausse du prix des terres et l'augmentation de la population ont multiplié les défrichements dans les massifs boisés qui couronnent les plaines colonisées.

La dépaissance a amené avec elle les incendies qu'une haine de religion et des vengeances personnelles ont rendus de plus en plus fréquents.

Eh bien, puisque le reboisement n'est pas possible en raison des difficultés qu'il présente et des sommes considérables qu'il faudrait y consacrer, si l'on voulait reboiser de grandes surfaces, puisqu'il est presqu'impossible de soustraire à la dent des troupeaux, à l'incendie ou à la pioche du défricheur les boisements déjà existants, puisque les exigences budgétaires ne permettent pas de créer un nombre indéfini de grands barrages-réservoirs, le moyen qui semble s'imposer pour augmenter et prolonger le débit moyen des cours d'eau, ce serait de recourir à la vieille méthode d'aménagement des eaux pratiquée par les Romains et dont on retrouve encore de nombreux vestiges en Algérie et particulièrement en Tunisie.

Elle consistait à couper les ravins de petits ouvrages en pierres sèches ou en maçonnerie, destinés à servir d'obstacles aux eaux de ruissellement. Leur but était moins d'empêcher les ravinements que de faciliter l'infiltration dans le sol des eaux sauvages.

De semblables travaux ne demandent ni ouvriers d'art, ni ingénieurs. Leurs faibles dimensions, leur but même qui n'est pas de retenir les eaux, mais simplement de leur opposer un arrêt qui retarde leur descente rapide vers les thalwegs, les rend beaucoup plus durables qu'on ne le croirait tout d'abord.

Il serait facile de citer des obstacles en pierres sèches, construits dans des ravins où coulent en hiver des masses d'eau considérables et qui, depuis dix ans, n'ont point encore nécessité les moindres réparations.

Il n'est pas douteux que l'exécution de semblables ouvrages dans les bassins des rivières dont les eaux sont employées à l'irrigation n'en régularise et prolonge le débit.

Il semble que la main-d'œuvre de transaction forestière ou des chantiers de charité soit tout indiquée pour l'exécution de ces petits barrages-déversoirs.

Tels sont les moyens qui paraissent présenter le plus de chances de succès pour augmenter, à bref délai, la quantité d'eau d'hiver susceptible d'être utilement employée aux irrigations des céréales et, en général, de toutes les cultures auxquelles il peut être avantageux de fournir un complément d'eau pendant la période qui s'étend de novembre à avril.

Le Rapporteur,

R. MARÈS.

Des Cultures arbustives dans la vallée du Chéliff.

Les cultures les plus aptes à régulariser la production agricole dans les pays à climat sec et irrégulier, sont assurément les cultures fruitières.

Les racines des arbres ou arbustes fruitiers savent chercher, dans les profondeurs du sol, l'humidité qui manque à la surface, lorsque l'année est sèche, et il n'est pas de cultures herbacées capables d'utiliser, avec autant de profit, les eaux du ciel ou les eaux d'irrigation.

C'est ce qu'ont compris les Espagnols, les Maures, les Kabyles aussi bien que les Tunisiens et les Siciliens. Chez eux, les cultures fruitières ont pris un développement considérable; elles sont devenues le régulateur de la production agricole de leur pays. Elles pourraient le devenir pour les colons du Chéliff.

Parmi les végétaux ligneux, susceptibles d'améliorer la situation agricole de la vallée du Chéliff, il en est qui ne méritent pas que l'on s'attarde à les étudier. Les uns sont capricieux. De ce nombre est le caroubier, qui est fort difficile sur le sol qui le nourrit, et dont les conditions d'existence ne semblent pas encore être bien connues, quoiqu'il paraisse ne se plaire que dans des terrains fort profonds, très perméables, calcaires, sableux et très frais. D'autres, tels que le pommier, le cognassier, exigent une quantité considérable d'eau d'irrigation et ne donnent que des produits de qualité inférieure, d'une vente difficile et limitée.

Nous nous bornerons, ici, à donner quelques indications sur les cultures arbustives, dont les fruits peuvent, d'une part, servir à l'alimentation courante des habitants et trouver sur le marché un débouché illimité et sont susceptibles, d'autre part, de supporter les grosses chaleurs de l'été et d'utiliser au mieux les eaux d'orage et de pluie pendant la saison humide et les eaux d'irrigation durant l'année entière.

Actuellement, ces cultures se réduisent à sept, qui sont : la vigne, l'oranger, le mandarinier, le citronnier, le figuier, l'olivier, le cactus.

Vignes. — En année normale, la vigne pousse vigoureusement dans la plaine du Chéliff. Plantée sur bon défoncement (elle ne devrait jamais l'être autrement), elle supporte habituellement, sans arrosage, les années ordinaires. Mais si l'année est sèche, sa végétation s'arrête avant l'heure. Il arrive même de la voir n'émettre que des pousses dont la longueur ne dépasse pas 20 à 25 centimètres. Alors, les fleurs avortent et la récolte de l'année est perdue. D'autre part, le cep est épuisé, les racines souffrent, le bois s'aoûte mal et la récolte de l'année suivante est elle-même compromise.

Les gelées printanières sont aussi à craindre dans la vallée du Chéliff.

Aussi, ne devrait-on planter de la vigne que dans les localités où l'on peut disposer d'eau d'irrigation pendant toute la période hivernale, c'est-à-dire d'octobre en avril.

Il est alors souvent possible, quand on possède de l'eau d'irrigation, d'éviter les gelées du printemps. Si l'on a soin, en effet, lorsque la température baisse, de mouiller abondamment le sol par un vigoureux arrosage, les gelées blanches ne sont guère plus à craindre.

D'autre part, chacun sait qu'à la suite d'hivers très pluvieux, les vignes, convenablement cultivées, supportent bien l'été. C'est là une indication précieuse. Il suffit, en effet, la plupart du temps, pour assurer la récolte, de donner d'abondants arrosages pendant l'époque de sommeil de la végétation. Il faut, en un mot, noyer le sol et le sous-sol d'une humidité qui remonte en été.

Les arrosages peuvent être faits en amenant dans le vignoble les eaux boueuses des rivières ou même en détournant les eaux de ruissellement provenant des orages.

Dans les vignobles en pente, le système de trous entre les souches, pratiqué par M. Grellet, est appelé à rendre de grands services. Les maladies cryptogamiques, à part l'oïdium et un peu d'antrachnose, sont, pour ainsi dire, inconnues dans la vallée du Chéliff.

Dans les terres où l'irrigation n'est pas praticable, les cépages qui présentent la meilleure adaptation au milieu sont le mourvèdre, la clairette et le cinsault. Dans les terres arrosables, il est avantageux de leur adjoindre le montalban et en particulier le carignan.

La plantation à grand espacement est avantageuse. Elle permet de multiplier les façons, de les continuer à l'arrière-saison. Il est indispensable, en effet, pour conserver l'humidité du sous-sol et empêcher les crevasses, de maintenir constamment le sol dans un état de division parfait.

Il ne faut jamais donner d'arrosages d'été à une vigne, si on n'est pas certain de pouvoir les lui continuer.

Une vigne habituée à ces arrosages dépérit dès qu'on les lui supprime.

Il semble avantageux, quand on dispose d'eau d'irrigation, de restreindre les arrosages d'été, ceux d'hiver n'étant jamais trop abondants, lorsqu'ils ne dépassent pas la capacité d'absorption du sous-sol. Mais, pendant la saison sèche, il paraît préférable de ne donner que deux arrosages : un premier, quelques jours avant la fleur, et le second, quelques jours avant la véraison, époque à laquelle le sirocco est susceptible de compromettre le plus gravement la vendange. Elle se trouve alors dans un état maladif qui la rend fort sujette à l'échaudage.

Autant que possible, les arrosages doivent être faits entre les rangs et non pas dans les rangs. Ils ne doivent jamais remplacer les façons culturales, comme on a l'habitude de le faire dans l'Oranie. Il faut, au contraire, les faire suivre d'un labour dès que le sol n'est plus trop détrempé pour interdire le passage de la charrue.

L'intervalle le plus avantageux de rang à rang est de 3 mètres. Il permet l'accès facile, en tous temps, de la charrue même attelée de bœufs, il diminue tous les frais, tant de main-d'œuvre que d'arrosage, et développe enfin le système radiculaire.

La taille à long bois doit être bannie, car elle augmenterait encore les chances d'inégalité dans la maturité du raisin déjà favorisée par les chaleurs excessives.

Enfin, la maturité étant précoce dans le Chéliff, l'usage du réfrigérant pour la vinification s'y impose plus que partout ailleurs.

Oranger et Mandarinier. — L'oranger et le mandarinier sont difficiles sur la qualité du terrain. Loin d'être capricieux comme le caroubier, ils exigent, cependant, pour donner des produits de qualité supérieure et une abondante récolte, des terrains à la fois profonds et riches et, sinon sableux, du moins très perméables.

On les rencontre, principalement, le long du Chéliff ou de ses affluents. En terres fortes, ils végètent, ne donnent que des produits médiocres et peu abondants.

Les agrumes craignent le vent. Aussi toute plantation doit-elle être entourée de brise-vents. L'arbre qui, jusqu'à ce jour, a donné à cet effet les meilleurs résultats, est le cyprès étalé. On plante généralement en bordure autour des terrains destinés à recevoir les agrumes, un an avant la plantation de ces derniers, des sujets âgés eux-mêmes d'une année. Ils ont alors une avance suffisante pour protéger l'orangerie. Il est avantageux, si cette dernière doit avoir une certaine étendue, d'établir des brise-vents tous les 60 mètres environ, suivant une direction perpendiculaire à celle des vents régnants, et tous les 100 mètres parallèlement à cette direction.

Le takaout, de croissance beaucoup plus rapide que le cyprès, pourrait, pendant les premières années, le remplacer avantageusement comme brise-vent.

Les agrumes supportent très bien les températures les plus élevées ; mais, par contre, ils souffriraient de la sécheresse si on ne pouvait leur donner d'abondants arrosages, qui doivent se répéter pendant toute la saison sèche, à intervalles rapprochés, de 7 à 10 jours en moyenne.

La formation de l'arbre en gobelet sans tronc, inaugurée par MM. Borély de la Sapie et Gros, est à conseiller.

Si elle ne permet pas à la charrue d'approcher d'aussi près le pied de l'arbre, augmentant quelque peu les piochages, elle a l'avantage : 1° de soustraire les arbres à l'action néfaste du vent ; 2° de diminuer considérablement les frais de cueillette ; 3° de faciliter les traitements dont la nécessité se fait sentir chaque jour davantage pour protéger les arbres des parasites.

La mouche de l'oranger, *cerastis citriperda*, s'est présentée pendant ces dernières années en nombre considérable. Le ramassage et la destruction des fruits, tombés à la suite de ses attaques, est une opération qui donne les meilleurs résultats. Elle devrait être imposée à tous par des arrêtés préfectoraux.

La cochenille, relativement moins développée dans le bassin du Chéliff que sur le littoral, y existe cependant en quantité considérable. L'émulsion de savon et de pétrole étendue d'eau et additionnée de jus de tabac a donné d'excellents résultats pour la destruction de ce parasite. Il est probable qu'on en obtiendra de meilleurs encore par le procédé américain des vapeurs d'acide cyanhydrique.

Toutes les variétés d'agrumes viennent bien dans la plaine du Chéliff. Il y a lieu cependant de remarquer que les sujets francs de pied ou greffés sur oranger doux présentent souvent des dépérissements, qui n'ont pas lieu lorsque le sujet est un bigaradier.

Il est avantageux, quand un terrain doit être transformé en orangerie, de lui donner un bon labour au printemps qui précède la plantation et de le laisser reposer. En Italie, on recommande de défoncer tout le terrain en août à 0^{m}50 de profondeur.

La distance d'arbre à arbre qui parait être la plus avantageuse dans les pays chauds est de 8 mètres, comportant 156 arbres par hectare. La plantation en quinconce est la plus rationnelle. La dimension des trous qui doivent recevoir les arbres est généralement de 1 mètre cube. Au moment de la plantation, on dispose au fond de ces trous une trentaine de kilogrammes de fumier que l'on recouvre de trente centimètres de terre superficielle. L'arbre doit être enterré un peu plus profondément qu'il ne l'était en pépinière.

La quantité d'eau consommée par l'irrigation est variable suivant la nature du sol. Toutefois, on peut considérer que chaque arrosage consomme environ 150 mètres cubes d'eau.

Les cultures intercalaires sont à déconseiller. En mars, il est avantageux de donner un labour à trente centimètres de profondeur sur toute la surface de l'orangerie. C'est le moment opportun pour répandre le fumier ou les engrais. A la fin de mai, on pratique un second labour et on dispose le terrain pour l'irrigation. En août, on donne une troisième façon aratoire.

Les agrumes se ressentent beaucoup de la taille ; aussi doit-elle se réduire a leur donner une bonne direction, à les éclaircir et à les nettoyer. Elle se fait au printemps. On supprime les rameaux tordus, secs ou débiles et ceux qui sont mal dirigés ou qui étouffent l'intérieur de l'arbre. Il faut encore supprimer les épines des jeunes arbres qui pourraient blesser les fruits.

Il est indispensable de fumer copieusement les orangeries pour en obtenir des récoltes abondantes. Dans le cas contraire, leur rendement baisse et les arbres dépérissent au bout de 25 à trente ans. La dose de 30,000 kilos de fumier additionnée de 2 à 3 0/0 d'acide phosphorique paraît indispensable pour maintenir leur production normale.

Figuier. — Le figuier s'accommode à tous les terrains. Il préfère toutefois les terres saines et perméables sur lesquelles il donne d'abondantes récoltes. Sa plantation est des plus faciles. Les meilleurs sujets sont des rejets portant quelques racines, arrachés aux pieds de vieux arbres francs de pied. Bien soigné, il est en plein rapport au bout de 4 à 5 années de plantation.

Pendant l'été, il exige un arrosage tous les vingt jours environ. On estime à deux mètres cubes, en moyenne, la quantité d'eau à donner à chaque arbre par arrosage.

La variété a une grande importance sur la production. Certaines variétés sont coulardes dans la plaine qui ne le sont pas en montagne.

La figue verdale, qui y est le plus communément cultivée, donne une abondante production. On la consomme fraîche. Le figuier noir du pays produit des figues sèches de qualité tout à fait inférieure. Il y aurait, peut-être, avantage à cultiver la figue de Tizi-Ouzou qui est un peu moins commune.

Il serait, actuellement, dangereux de conseiller la plantation de figuiers donnant des produits de meilleure qualité, comme ceux de Bougie ou de Marseille. Ces dernières variétés, en effet, donnent de mauvais résultats dans la vallée du Sébaou, comparable sous bien des points de vue à celle du Chéliff.

Il est nécessaire d'entreprendre quelques études à ce sujet et de n'engager à planter les variétés fines que lorsque leur résistance au climat aura été démontrée.

Les figuiers sont des arbres à croissance rapide. Ils sont donc gourmands. Il leur faut de copieuses fumures, sans lesquelles on ne doit pas compter les voir prospérer.

Le figuier n'a pas besoin d'être taillé. Il suffit de le débarrasser du bois mort et des rejets qui poussent à son pied. Il doit recevoir un nombre de labours suffisants pour que le terrain qu'il occupe soit toujours parfaitement meuble et exempt de toute végétation herbacée.

Olivier. — On a trouvé beaucoup d'oliviers sur les collines qui bordent la vallée du Chéliff. On en a beaucoup planté dans la vallée elle-même. Les résultats acquis ont démontré que la plaine du Chéliff est la terre classique de l'olivier.

Cet arbre s'accommode de tous les terrains. Il résiste aux plus fortes chaleurs comme aux abaissements extrêmes de température. Si sa croissance est lente sur les coteaux, elle est vigoureuse dans les terres irriguées où l'olivier se met à fruit dès la deuxième année de plantation et peut donner, à la quatrième année, un, deux et même trois doubles d'olives.

Il est possible, dans la vallée du Chéliff, de multiplier indéfiniment la culture irriguée de l'olivier. Il suffit, en effet, durant la période estivale, de lui donner un arrosage par mois, à raison de deux mètres cubes par hectare, soit environ la quarantième partie de l'eau nécessaire à arroser des cultures herbacées.

D'autre part, tant que l'olivier n'est pas en rapport, il n'y a pas d'inconvénient à cultiver des céréales ou des plantes fourragères dans les interlignes qui ne doivent pas être moindres de douze mètres. Le terrain occupé n'est donc pas immobilisé. Mais dès que l'arbre entre en rapport, il est avantageux de lui donner au printemps et en été trois ou quatre labours légers, destinés à entretenir le sol dans un état de propreté et de division parfaits.

Quand il n'est pas possible d'amener l'eau d'irrigation, en été, dans une olivette située à flanc de coteau, les eaux d'hiver peuvent suffire, si on les aménage convenablement.

Le moyen le plus économique d'opérer cet aménagement est de diviser les olivettes en rectangles dont les grands côtés sont horizontaux. Ces rectangles sont d'autant plus étroits que la pente du terrain, sur lequel est plantée l'olivette, est plus forte. A leur partie inférieure, ces rectangles sont limités par des buttes de 0m40 à 0m50 de haut. Cette disposition constitue un certain nombre de petits bassins superposés, susceptibles de se déverser les uns dans les autres.

A la partie supérieure des bassins, situés en amont, arrivent des rigoles creusées à flanc de coteau et destinées à y conduire toutes les eaux de ruissellement qu'elles vont chercher dans les parties incultes de la montagne.

Les jours d'orage, les eaux sauvages, au lieu de couler au fleuve, vont se réunir dans les bassins étagés, formant une série de petits lacs, l'eau qui y est emprisonnée ne trouvant d'autre issue pour s'en échapper que le sous-sol qu'elle gorge abondamment.

Dans les régions où ce système d'irrigation d'hiver est usité, il pleut moins qu'à Orléansville et, cependant, les oliviers les ont enrichies et y ont acquis une grande valeur. Ils y donnent, il est vrai, des récoltes très régulières puisque, toutes les fois que les bassins sont remplis deux ou trois fois pendant l'hiver, ils produisent à l'automne des fruits.

La plantation de l'olivier en plaine est peu coûteuse. Elle se réduit à l'achat des plants et à la confection de trous de 1 mètre cube, à 12 mètres d'intervalle les uns des autres.

Il serait trop long d'indiquer les soins de culture et les différents modes de multiplication. Un seul fait est à retenir ici, c'est qu'en pays sec, la plantation de l'olivier doit se faire au fond du trou, et ce n'est qu'au fur et à mesure de sa croissance que ce dernier doit être comblé. On protège ainsi le jeune arbre du vent et du soleil. D'autre part, on constitue, dès le début, un système radiculaire profondément enterré dans le sol, bien plus apte à puiser l'humidité souterraine et à lutter contre la sécheresse

L'olivier n'a pas que l'avantage de vivre dans les plus mauvaises terres, de pousser dans des pays où il tombe si peu d'eau que nul arbre fruitier ne végète sans arrosages d'été, de résister aux plus fortes chaleurs, de ne coûter presque rien comme plantation et comme entretien.

Il a cet autre avantage immense que, susceptible de couvrir des étendues considérables en raison de ses faibles exigences et du débouché illimité de ses produits, il exige une main-d'œuvre considérable pendant les trois mois d'automne que dure la cueillette des olives.

Cette cueillette ne demande ni adresse, ni fatigue : elle s'adresse aux populations les plus faibles et les plus misérables et arrive justement à l'époque où la nourriture leur manque, à l'époque des misères périodiques.

Le plus bel exemple de la transformation d'un sol, comparable à celui des coteaux qui bordent la vallée du Chéliff, par les plantations d'oliviers, est celui que nous fournit la partie septentrionale du Sahel Tunisien.

A Sousse, le sol est aride, crayeux, blanc, desséché. Il pleut moins qu'à Orléansville et l'eau d'irrigation y est inconnue.

Quatre millions d'oliviers, donnant, bon an mal an, 15 millions de litres d'huile, soit environ 12 millions de francs, non compris les grignons, qui servent d'engrais et de combustible à tout le pays, y compris le chemin de fer, ont fait d'un désert un pays florissant.

Et, chaque année, les plus pauvres populations de la Régence viennent camper sous les oliviers pour faire la récolte des olives ; on peut estimer à quatre millions de francs environ les salaires qu'elles en retirent. Quand la récolte est terminée, la taille commence. Alors, les troupeaux sont introduits dans les olivettes et consomment les feuilles des branches abattues, tandis que le bois est lié en fagots et vendu en ville pour les usages domestiques.

Dans l'Oranie, la plantation de l'olivier progresse chaque année. Elle reste, malheureusement, localisée entre les mains des colons. Toutefois, deux choses l'empêchent de prendre l'essor que l'on serait en droit d'espérer d'elle.

Les plants sont chers et leur achat est beaucoup plus onéreux que la plantation elle-même. D'autre part, aucune étude des diverses variétés, spécialement appliquée à la vallée du Chéliff, n'a encore été faite. On a planté, comme olives à huiles, des olives de table, et réciproquement. Il est résulté de ces erreurs des pertes matérielles préjudiciables au développement des plantations. La création de pépinières d'oliviers, destinées à la multiplication et à l'étude de ces arbres, est une œuvre dont la nécessité s'impose.

Cactus. — La culture du cactus jouissait, autrefois, d'une faveur particulière chez les Indigènes. Autour de tous les douars sédentaires, des jardins, existaient d'épaisses haies de cactus. D'autres fois, ils créaient, en plein champ, de grandes plantations de cactus, recouvrant parfois plusieurs hectares d'un seul tenant.

Mais, par suite de l'état de désorganisation sociale où se trouvent les Indigènes, l'étendue de ces plantations, décroît actuellement.

Le cactus est pourtant l'un des végétaux le plus utiles aux indigènes. S'il lui faut pour prospérer un sol fécond, il supporte d'autre part, sans effort, les plus grandes sécheresses et, dans les mauvaises années, son fruit nourrit les hommes et sa feuille les animaux. Cette dernière est une réserve alimentaire de premier ordre pendant les années de disette et, en tous temps, un complément trop peu employé de la nourriture sèche.

La plantation du cactus se fait au moyen de rameaux bien portants, adultes, mais pas trop vieux, et que l'on a laissés flétrir pendant un jour au grand soleil.

On creuse, à intervalles de cinq à six mètres, des fossés de 35 centimètres de large sur une égale profondeur, au fond desquels il est avantageux de déposer un lit de fumier que l'on recouvre d'un peu de terre, puis on dispose longitudinalement les raquettes à 60 centimètres d'intervalle, de telle façon que les deux tiers de leur surface soient recouverts de terre.

Les travaux de culture, pendant la première année, consistent en binages qui doivent être pratiqués au milieu de la plantation, dans les mois de mars et de décembre, pour tenir le terrain meuble et net de toute herbe adventice.

La récolte des fruits commence à la troisième ou à la quatrième année de plantation.

Pourquoi ces cultures arbustives ne se développent-elles pas dans la plaine du Chéliff? Aucune, mieux qu'elles, n'utilise les eaux d'irrigation. Aucune ne donne des produits aussi élevés sur un espace égal. Ces cultures, enfin, sont le plus puissant régulateur de la production agricole sous les climats irréguliers.

Le marasme de ces cultures tient-il au manque d'esprit de suite ? — Loin de là ! — Il ne tient qu'au manque d'argent et au manque de sécurité.

Le colon, éprouvé par de nombreuses années de sécheresse, sans avances, ne peut procéder à des essais longs et coûteux qui, seuls, seraient susceptibles de lui faire connaître les variétés d'arbres qu'il faudrait planter. Comme il ne les connaît pas, comme les pépiniéristes lui vendent fort cher des sujets dont l'adaptation est problématique, il s'abstient.

D'autre part, la sécurité fait totalement défaut. Dès qu'une plantation aura été faite, les troupeaux des Indigènes viendront y pâturer et, en une seule nuit, détruire les économies et le travail du planteur.

Si, par hasard, cette plantation arrive à fruit, la maraude n'en laisse rien à son propriétaire. Aussi ne plante-t-on pas.

C'est pourquoi je proposerai, pour remédier à cette situation intolérable, d'émettre les propositions suivantes :

La Commission du Chéliff,

Considérant que les cultures, susceptibles d'utiliser au mieux les eaux d'hiver en terrain sec, et les eaux d'été en terrain irrigué, sont les cultures arbustives ;

Considérant que ces cultures sont celles qui souffrent le moins de l'irrégularité du climat et qu'elles sont susceptibles d'assurer, tant aux populations qui habitent la vallée du Chéliff, qu'à celles du dehors, des moyens d'existence pendant les années de sécheresse, tant par les salaires qu'elles leur procurent que par leurs produits immédiatement comestibles ;

Considérant, d'autre part, que le développement des cultures est entravé :

A. — Chez l'Européen : 1° Par l'insécurité des biens qui met, chaque nuit, à la merci des troupeaux ou des maraudeurs les plantations ou leurs produits ;

2° Par l'incertitude où il se trouve de se procurer des plants, greffes ou boutures de variétés susceptibles de donner les meilleurs produits dans la vallée du Chéliff, parce qu'aucune étude comparative sur ces variétés n'a été faite jusqu'à ce jour.

B. — Chez l'Indigène : 1° Par l'insécurité, qui est pour lui un fléau bien plus grand encore que chez l'Européen ;

2° Par son manque de traditions culturales en matière d'arbres.

Emet les vœux suivants :

1° Que, dans le plus bref délai, il soit établi sur un point du Chéliff à désigner, Orléansville par exemple, en raison de ses ressources en eau et en main-d'œuvre, et de sa position centrale, une pépinière dont le but sera de multiplier des plants d'arbres fruitiers et de poursuivre des études comparatives sur leurs diverses variétés ou sur les cultures susceptibles d'être introduites dans la région ;

2° Que d'ici à ce que la pépinière soit en état de livrer des plants, l'Administration mette en pratique les mesures propres à assurer la sécurité des plantations et de leurs produits ;

3° Qu'en ce qui concerne les Indigènes, le Gouvernement encourage par tous les moyens, et particulièrement par l'institution de primes annuelles, la plantation et la conservation des arbres fruitiers et, en particulier, des cactus, et examine les moyens pratiques d'arriver à la constitution de plantations communales de cactus.

Ces conclusions sont adoptées par la Commission.

Le Rapporteur,

R. MARÈS.

Travaux d'aménagement des Eaux exécutés ou en voie d'exécution dans l'arrondissement d'Orléansville.

Orléansville, le 15 décembre 1897.

L'Ingénieur ordinaire à Monsieur l'Inspecteur de l'Agriculture,
Président de la Commission du Chéliff.

Monsieur l'Inspecteur et cher Collègue,

En réponse à votre lettre du 11 décembre courant, je ne peux mieux faire que de vous envoyer une description succincte des travaux exécutés jusqu'à ce jour dans la partie de la plaine du Chéliff que comprend mon arrondissement.

CHÉLIFF. — Un barrage de dérivation a été projeté en amont de Sainte-Monique, dépense 146,000 fr. Surface irrigable : 2,000 hectares. Territoires arrosables : la partie en plaine des villages de Sainte-Monique, Saint-Cyprien et les Attafs.

Le barrage de dérivation, construit dans les gorges, à 20 kilomètres en amont d'Orléansville, est continué par un canal tronc commun de 23 kilomètres de longueur et passe au-dessus d'Orléansville. Surface dominée : 2,400 hectares ; le canal de rive droite va jusqu'à l'oued Ouharan. Surface dominée : 3,500 hectares.

Le canal tronc commun est revêtu en maçonnerie de béton sur 18 kilomètres ; le canal de rive gauche sur 3 kilom. 200.

Affluents. — Les travaux faits sur les affluents sont de deux sortes ; les uns dérivent les eaux superficielles ; les autres ont pour but de capter les eaux souterraines. Ces travaux sont toujours placés le plus bas possible sur les oueds, c'est-à-dire aussi bas que que le niveau des territoires à desservir le permet, de façon à pouvoir toujours être améliorés par les travaux possibles en amont.

ROUÏNA. — Nous exécutons pour l'irrigation et l'alimentation de ce centre une conduite double en béton ; celle du bas (0.60/0.50) portera les eaux souterraines pour l'alimentation ; la galerie supérieure portera les eaux dérivées ; elle a 1ᵐ05 de hauteur pour qu'un homme puisse la suivre (curages, réparations, etc.)

Les eaux d'alimentation seront employées aussi aux arrosages lorsque l'oued sera à sec, en juin ou juillet. Les conduites sont construites à 6 ou 7 mètres de profondeur.

La surface dominée est de 60 hectares environ.

La pente est de 3/10 de millimètre seulement et la prise par conséquent aussi bas que possible.

Les travaux pourront, à toute époque, être améliorés et complétés par des drains ou des prises en amont, ou enfin, plus tard, par un barrage-réservoir.

Les eaux seront dérivées par un barrage en pieux et fascines à réparer ou à rétablir tous les ans après les crues de l'hiver.

FODDA.— Un barrage volant, comme celui de Rouïna, et un canal à ciel ouvert à la suite permettent d'irriguer presque tous les territoires en plaine d'Oued-Fodda et de Vauban, sur la rive droite de l'oued. Surface 1,180 hectares.

Une conduite forcée en sidéro-ciment, de 0ᵐ30 de diamètre, fait passer les eaux de la rive droite à la rive gauche et débouche au centre du village d'Oued-Fodda.

Un projet d'amélioration des irrigations a été étudié l'année dernière par notre service ; les travaux consisteraient à drainer une plaine basse, en amont de la prise actuelle, jusqu'à 3 ou 4 mètres de profondeur et à amener les eaux captées dans cette prise.

Une autre plaine basse en amont de la première peut encore être drainée plus tard.

FODDA-LAMARTINE. — En même temps que le village, nous avons construit un canal de 10 kilomètres de longueur permettant d'irriguer les concessions de 4 à 5 hectares possédées par chaque colon. La prise, un barrage volant toujours, a été faite aussi bas que possible. Cette année, pour améliorer les irrigations, le canal a été poursuivi jusqu'à l'entrée des gorges en amont, seuil rocheux considérable qui barre et relève par conséquent toutes les eaux d'amont. Lamartine aura ainsi de l'eau tout l'été. Le canal est entièrement maçonné ; il est en galerie de 1ᵐ40 de hauteur sur 136 mètres de longueur et par 5 et 6 mètres de profondeur.

Les travaux exécutés seront utilisables, si on fait le barrage réservoir d'Oued-Fodda.

Ce barrage est un de ceux qui se présentent dans les meilleures conditions. L'emplacement, dans une gorge de rocher à pic de plusieurs kilomètres de longueur, est excellent.

D'autre part, l'oued Fodda donne des quantités d'eau considérables et on pourrait faire tous les ans des chasses qui empêcheraient tout envasement, sans craindre pour cela de ne pas pouvoir remplir le barrage.

Enfin l'altitude est telle, que les eaux pourraient être envoyées d'une part jusqu'aux Attafs et au delà et d'autre part dans la vallée du Chéliff, dans les canaux existants, si besoin était.

Les irrigations de Lamartine sont susceptibles d'être encore améliorées plus tard, d'abord en bétonnant le premier canal, puis en relevant le plan des eaux souterraines entre les gorges et la prise primitive et en jetant les eaux ainsi ramenées à un niveau suffisant dans cette prise ; enfin par le barrage-réservoir.

Pour l'alimentation du village, des drains ont été creusés dans une plaine basse en amont, et, bien que de peu d'étendue, ils donnent 9 et 10 litres à la seconde et 3 litres 66 au plus bas étiage. Ils peuvent être prolongés quand on voudra, et une autre plaine basse un peu plus haut, placée dans les mêmes conditions que la première, donnerait des résultats analogues, par le drainage. L'excédent des eaux d'alimentation est employé aux irrigations.

Oued-Sly. — Un barrage en maçonnerie dérive les eaux du Sly sur Malakoff ; le canal principal est presque entièrement bétonné, tous les canaux secondaires sont faits. La surface irrigable est de 918 hectares.

En 1887, un canal a été greffé sur le canal principal de Malakoff pour desservir Charron. Longueur : 9 kil. 600. Surface irrigable : 1,000 hectares.

En 1894, pour améliorer la situation des deux villages, au point de vue des irrigations, notre service a établi un projet de captage des eaux souterraines du Sly, en amont du barrage existant. Un drain poussé à 3 ou 4 mètres sous la rivière arrêtera les eaux d'amont ; il sera continué par une galerie en béton de 1^m55 de hauteur jusqu'au barrage actuel.

Les travaux sont commencés.

De nouveaux captages pourront encore être faits plus tard en amont, dans de très bonnes conditions,

Oued-Sly-Masséna. — L'eau est prise par un barrage volant à 4 kilomètres en amont du village, toujours aussi bas que le niveau le permet. Le canal à la suite est maçonné soit en galerie, soit à ciel ouvert sur une grande partie de sa longueur jusqu'au village ; les canaux secondaires sont faits et maçonnés. La surface irrigable est de 307 hectares : un lot de 5 hectares environ par colon.

Nous établissons en ce moment un projet d'amélioration ; les travaux consisteront à prolonger le canal principal vers l'amont sur 6 à 7 kilomètres de longueur, jusqu'aux gorges, et à prendre là les eaux arrêtées et relevées par le seuil rocheux. Le nouveau canal sera maçonné.

Année moyenne, les colons auront de l'eau tout l'été.

Les canaux de Masséna et de Malakoff-Charon seront utilisables lorsqu'un barrage-réservoir sera construit.

Bou-Kelle-Carnot. — Un barrage en maçonnerie a été construit en 1889-90 ; les canaux de rive droite et rive gauche dominent une surface de 1,800 hectares. L'oued ne coule qu'en hiver et au printemps. Des travaux de captage ont été faits en 1895 dans une plaine basse en amont du barrage; ils diffèrent de ceux décrits, en ce qu'ils forment un réservoir souterrain où les eaux s'emmagasinent l'hiver et d'où elles ne peuvent sortir que par un robinet de réglementation ; le robinet peut être fermé tout l'hiver et ouvert l'été, suivant les besoins. L'eau sert à l'alimentation et le surplus à l'irrigation des jardins.

Les travaux faits n'occupent qu'une partie de la plaine basse où ils se trouvent et peuvent être poursuivis et améliorés.

Résumé. — La longue énumération ci-dessus était peut-être inutile ; mais j'ai voulu montrer les principes simples qui nous guident dans l'exécution de nos travaux.

Le premier peut se résumer ainsi :

Étant donné un territoire à irriguer par les eaux d'une rivière, faire la prise d'eau, non pas au point où il semble que l'on puisse trouver dès l'abord le plus d'eau, mais au point le plus bas possible, de façon à pouvoir toujours prolonger vers l'amont, les canaux, s'il s'agit de dérivation, les drains, pour les eaux souterraines.

Les barrages de dérivation en maçonnerie doivent être, en général, proscrits : une simple dérivation toujours réparable par les colons eux-mêmes suffit. Quand aux canaux, ils devraient être tous maçonnés. Dans toute la plaine du Chéliff, en effet, les canaux sont creusés dans des terres perméables ou dans des argiles qui se fendent profondément, d'où des pertes par imbibition.

Les débits des canaux doivent être assez considérables pour permettre certaines irrigations pour les céréales, l'inondation des terres, par exemple, avant les labours, lorsque l'hiver est sec.

Questions diverses.

Barrages-réservoirs. — Je ne connais qu'un barrage-réservoir à recommander, celui sur l'oued Fodda. La réussite serait certaine.

Un projet de ce barrage a, du reste, été établi et approuvé dès 1869. Construit dans une gorge étroite et profonde, surmontée de rochers à pic, sa solidité serait absolue ; d'autre part, l'envasement ne serait pas à craindre parce que la rivière débite assez pour qu'on puisse laisser passer les crues d'hiver, en grande partie du moins, et néanmoins remplir encore le barrage. Capacité prévue au premier projet : 35,000,000 de mètres cubes. Surface irrigable limitée seulement par la quantité d'eau disponible.

La possibilité de faire des barrages sur les oueds Rouïna et Sly et sur d'autres encore a été aussi mise en avant, mais la question, pour chacun d'eux, est à étudier.

Barrages de dérivation. — Un sur le Bou-Khellil, un sur le Chéliff et un sur le Sly. D'une façon générale, la dérivation en pieux et fascines est suffisante.

Débits. — Les débits sont variables suivant le but à atteindre.

Là où des irrigations pour céréales, c'est-à-dire sur de grandes surfaces, sont possibles, ils sont importants :

Chéliff. — Rive gauche	400	litres.
— Rive droite	1.100	—
Bou-Khellil. — Carnot. — Canal principal..	1.100	—
Oued Fodda. — Canal principal	600	—
Sly. — Rive droite : Malakoff	500	—
— Rive gauche : Charon	1.000	—

A Lamartine et à Masséna, au contraire, les canaux ne dominent que les lots irrigables de 4 à 5 hectares chacun et on ne peut arroser que ces lots. Les canaux ne débitent que 300 litres.

Prix de revient. — Les usagers du Chéliff, syndicat de rive gauche, seuls, paient l'eau 40 francs par litre. Les autres syndicats n'ont à leur charge que l'entretien des canaux ; ils obtiennent des subventions de l'Etat.

Quantité d'eau nécessaire. — Je ne pense pas que l'on puisse fixer des chiffres. Les quantités nécessaires dépendent essentiellement, en hiver, des pluies qui tombent; pendant les autres saisons, des natures de cultures faites.

Pertes d'eau. — J'estime que les pertes par évaporation ne sont pas très considérables, et du reste on n'y voit point de remède ; mais il n'en est pas de même des pertes par le sol. Dans les plaines du Chéliff, comme je l'ai dit, ou le sol est perméable, ou il est argileux et se fend ; l'eau se perd en quantités considérables, pendant l'été surtout, c'est-à-dire juste au moment où les débits deviennent très faibles et les besoins très grands.

Les herbes et mousses se développent aussi, sous l'influence de la chaleur, avec une vigueur extraordinaire dans le fond des canaux et contribuent, peu à peu, à augmenter les pertes, ne serait-ce qu'en ralentissant les vitesses.

On peut dire, sans exagération, que tous les canaux devraient être bétonnés dans la plaine du Chéliff.

Veuillez agréer, Monsieur l'Inspecteur et cher collègue, l'assurance de ma considération la plus distinguée.

Le Sous-Ingénieur,
BRANLIÈRE.

Améliorations d'ordre simple à introduire dans les procédés de Culture

DES INDIGÈNES.

L'Indigène n'a pas de système d'exploitation. La culture est limitée à celle du blé et à celle de l'orge. Il ne fait pas ou peu d'avoine : pas de cultures sarclées, pas de cultures fourragères. Les rares exceptions à cette règle se rapportent toutes à quelques mètres carrés de fèves ou de pastèques destinées à la consommation de la tente, ou bien, aux environs des centres européens, à quelques cas de production de gros légumes.

Les pratiques culturales de l'indigène sont on ne peut plus élémentaires. Lorsque les pluies d'automne sont arrivées, il écorche le sol avec un instrument. dénommé charrue, dont l'unique élément travaillant tient le milieu entre la pointe et le soc ordinaire.

Cet instrument est généralement actionné par des moteurs insuffisants : deux mauvais chevaux, deux petits bœufs, deux ânes, ou même par deux sujets d'espèce différente.

Le cultivateur indigène effectue rapidement son ensemencement; il fait travailler son attelage pendant presque toute la journée et par tous les temps, lui accordant un repos insuffisant, l'éreintant. On peut dire que la période des ensemencements est la seule de l'année pendant laquelle il travaille réellement.

Sitôt qu'elle est terminée, il laisse les conditions naturelles agir.

La semence, plutôt mal enterrée, germe et lève irrégulièrement, si les conditions atmosphériques ne lui sont pas exceptionnellement favorables.

La jeune plante, dont les racines rencontrent un sol non ameublé, se développe péniblement.

En outre, elle a à lutter contre la végétation spontanée. Car l'Arabe ne sarcle pas. Et, comme la culture est généralement installée sur une terre déjà salie par la continuité des cultures antérieures, la lutte est dure et elle préjudicie au développement de la plante cultivée.

Néanmoins, si le printemps est opportunément pluvieux, la récolte sera bonne parce que les terres de la plaine du Chéliff sont fertiles et, par suite de la rareté de la réussite des récoltes, non épuisées.

Mais si, comme cela arrive 4 ou 5 années sur 6, le printemps n'est pas favorable, la récolte souffre vite de la sécheresse ; car les racines n'ont pu descendre profondément, elles se sont développées dans une couche de faible épaisseur où elles sont rapidement affectées par le manque d'humidité. Les jeunes plantes ne se développent pas et ne mûrissent pas normalement ; elles se dessèchent souvent avant d'épier. Souvent alors, la récolte en grain représente à peine la semence employée. La moisson se fait par arrachage des tiges.

Lorsque la récolte a réussi, la moisson est commencée tôt. Non pas que l'indigène comprenne les avantages qui en résultent quant au rendement, mais parce que, très besoigneux, — si le propriétaire du champ ne l'est pas, ses khammès le sont — c'est avec impatience qu'il a attendu le jour où le grain était arrivé à un degré de maturité suffisant, pour être écrasé par le moulin de la tente. D'ailleurs, dès qu'un à-compte a été pris, la moisson traîne en longueur. Commencée par l'orge et le blé tendre en mai, elle est terminée par le blé dur deux ou trois mois après.

Une main-d'œuvre étrangère est généralement employée pour la moisson de l'orge et du blé tendre, mais celle du blé dur est exclusivement faite par le cultivateur ou le khammès, qui s'y emploient irrégulièrement, d'autant plus mollement que la récolte a été plus abondante. Aussi, l'égrenage sur pied et pendant les manipulations de moissonnage et de rentrée, est-il considérable. Il atteint quelquefois jusqu'à 30 % du rendement total.

Le mode d'exploitation le plus généralement employé dans la plaine du Chéliff, est le khammnemsat. Le détenteur du champ et des attelages croirait déchoir s'il mettait la main à la pâte. Cette aberration d'amour-propre est, à notre avis, la cause principale de la situation précaire de l'Indigène, et qui fera rester lettre morte toute amélioration proposée aux pratiques anciennes, si on ne l'attaque par des moyens directs ou détournés.

Les modifications à conseiller à l'Indigène, sont de deux ordres :

1° Celles qui consistent à étendre ses opérations par de nouvelles cultures appropriées aux conditions naturelles et aux débouchés.

2° Celles d'ordre plus simple et facilement réalisables, qui se rapportent aux améliorations à introduire dans la pratique des cultures habituelles, orge et blé.

Les modifications de la deuxième catégorie doivent faire l'objet de ce rapport spécial.

Elles peuvent être ainsi classées :

Améliorations dans l'outillage ;
Travaux préparatoires ;
Fumures ;

Choix des semences ;
Travaux d'ensemencement ;
Travaux d'entretien ;
Travaux de récolte.

AMÉLIORATIONS DANS L'OUTILLAGE.

On ne peut demander à l'Indigène de gros sacrifices dans ce sens. Mais, par des moyens persuasifs à étudier, on pourrait sans doute obtenir : qu'il remplace sa charrue par un araire à bas prix qui, mieux étudié au point de vue mécanique, lui permettrait de mieux travailler le sol avec les moteurs dont il se sert habituellement ;

Qu'il possède une herse, dont l'emploi est avantageux avant, pendant et après l'ensemencement ;

Qu'il substitue à la faucille, la faulx, outil qui lui permettrait d'exécuter la moisson plus rapidement et l'obligerait à récolter plus de paille.

TRAVAUX PRÉPARATOIRES.

La jachère travaillée, comportant un labour de printemps et un labour d'été, tout en n'étant pas une pratique culturale d'ordre très élevé, ne pourra cependant pas être obtenue de sitôt de l'Indigène. Mais on peut déjà l'engager à exécuter, vers la fin de l'été et avant les pluies, un labour préparatoire partout où le terrain le permettra. Outre que ce labour préparerait l'ameublissement de la surface, il aurait pour conséquence avantageuse de provoquer, à l'arrivée des pluies, la germination des graines des plantes adventices, lesquelles seraient détruites par le labour d'ensemencement.

Un hersage pourrait suivre ce labour, afin de faciliter l'exécution du labour suivant.

FUMURES.

L'Indigène, tout en reconnaissant quelque valeur au fumier, ne se préoccupe pas des déjections de ses animaux. Il y aurait lieu de l'engager à entasser ces déjections en mottes régulières, à soustraire celles-ci, autant que possible, par des clôtures sèches, du soleil et des déprédations des volailles ; et à les transporter sur les terres à ensemencer, dès l'arrivée des pluies.

CHOIX DES SEMENCES.

Souvent l'Indigène emploie, comme semence, la partie de sa récolte la plus mal nourrie, parce qu'à volume égal elle représente davantage de plantes futures. Cependant quelques-uns reconnaissent que la semence bien nourrie est préférable à celle qui l'est mal, et qu'il y a intérêt à changer leur semence. Mais, par suite d'incurie, il n'est rien fait dans ce sens.

Nous pensons que, même pour la culture européenne, il n'y a, pour le moment, rien à espérer des variétés étrangères et que la méthode d'amélioration à conseiller pour les semences est la sélection des variétés indigènes.

L'Arabe, vivant en famille selon des traditions patriarcales, dispose toujours de bras inoccupés. Il pourrait, immédiatement, avant la moisson, faire ramasser par ses proches et par ses khammès les plus beaux épis d'un champ, ayant la même forme, et ensemencer une petite surface, laquelle fournirait, l'année suivante, la semence nécessaire.

TRAVAUX D'ENSEMENCEMENT.

L'ensemencement est toujours fait sous raie et sur terrain non préalablement préparé.

Sur terrain préparé par un labour, l'Indigène pourrait continuer à semer sans raie. Un ou deux traits de herse devraient compléter le travail. Et la semence serait ainsi placée dans de bonnes conditions de développement.

Sur terrain non préparé ou insuffisamment préparé, l'ensemencement devrait être fait sur labour frais et exécuté à la herse. Le hersage serait à deux traits : le premier dans le sens du labour, le second dans le sens perpendiculaire.

En terrain irrigable, le travail d'ensemencement devrait être immédiatement suivi de l'installation des rigoles d'irrigation, dont les bords se trouveraient ainsi ensemencés et produiraient leur part de récolte, tandis que, si cette installation était faite tardivement, après germination de la semence, la surface occupée par les rigoles serait improductive.

TRAVAUX D'ENTRETIEN.

Un hersage est à conseiller au printemps par temps brumeux, la veille d'une pluie. Pratiqué dans ces conditions, il provoquera le tallement des plantes par des blessures qu'il leur occasionnera.

Il est une opération peu coûteuse, à la portée de tout cultivateur. Toutefois, on devra éviter avec soin de le donner par temps sec, car il aurait pour conséquence la mort des plantes blessées.

Le sarclage, consistant dans l'enlèvement par arrachage des mauvaises herbes, devrait être régulièrement pratiqué. L'Indigène pourrait y employer la main-d'œuvre enfantine.

TRAVAUX DE RÉCOLTE.

La moisson est habituellement effectuée de la façon suivante : l'Indigène moissonne à la faucille, en sectionnant la tige aussi haut que possible. Le transport de la récolte coupée a lieu rapidement, — en raison de l'insécurité à laquelle elle serait exposée sur place — à l'aide de filets et à dos de mulet ou d'âne. Elle est déposée sur une aire à battre, où elle est dépiquée aux pieds des animaux.

La moisson à la faucille permet à l'Indigène de ne pas couper les plantes adventices et d'obtenir ainsi un grain plus propre. Mais cet avantage est tout factice. En effet, les plantes non coupées réensemencent le champ pour l'année suivante et c'est ce qui explique que la plus grande partie des cultures indigènes sont envahies par une végétation spontanée qui prend généralement le dessus sur la récolte, car l'incinération des chaumes n'est pas suffisante pour détruire toutes les mauvaises graines.

Par les labours préparatoires et les sarclages de printemps, l'Indigène arrivera à nettoyer la surface. Il devra alors substituer la faulx à la faucille. Cet outil lui permettra d'employer la main-d'œuvre des enfants et des femmes et d'effectuer plus rapidement. sa récolte.

Ce mode d'exécution aura aussi pour conséquence de lui donner plus de paille et de le mettre ainsi à l'abri des insuffisances d'approvisionnements dont il est si coutumier.

Nous ne pensons pas que des modifications doivent être conseillées avec chance de réalisation, pour le dépiquage. Sauf cependant pour le gros propriétaire indigène qui trouvera avantage à employer les appareils à battre à vapeur loués par des entrepreneurs à des conditions de prix qui sont devenues très raisonnables.

Telles sont les améliorations sommaires qui pourraient être obtenues, sans grande difficulté, dans les pratiques indigènes.

Mais il reste à étudier le moyen de persuasion à employer pour obtenir que l'Indigène entre dans la voie de ces améliorations. Nous estimons que de simples conseils resteront toujours lettre morte, les laisseront toujours sceptiques, et que le système des primes aux plus belles récoltes obtenues serait un moyen heureux de vaincre son incurie.

L'étude de ce système de persuasion sortirait du cadre de ce rapport.

Le Rapporteur,
GODARD.

Cultures secondaires alimentaires et Cultures horticoles.

Les cultures de cette catégorie, susceptibles de prendre de l'extension dans le Chéliff, sont assez nombreuses ; mais elles ne seront praticables en grand, qu'avec le concours des irrigations et de la sécurité.

Les cultures secondaires sont plus importantes pour les petits colons et pour les Indigènes ; elles sont surtout destinées à donner des produits pour la consommation et non pour la vente.

Parmi les légumineuses, il convient de citer :

La fève et la féverolle ; cette culture se fait pendant la saison des pluies et dans des terres bien travaillées ; elle donne presque toujours de bons résultats.

Les Indigènes, sur bien des points, devraient être mis dans l'obligation d'ensemencer, tous les ans, des fèves.

Cette légumineuse peut être mangée verte dès le printemps et doit fournir un appoint très sérieux à l'alimentation.

Cette culture étant bien connue, il est inutile d'insister.

Les pois, lentilles, vesces, lupins, peuvent être cultivés concurremment avec la fève et dans les mêmes conditions ; ces cultures ne demandent qu'un peu de travail. Semés au printemps dans les terres irrigables, les doliques et le soja donnent aussi un grand rendement et une substance très nutritive.

Il en est de même du pois-chiche ou cicer. L'arachide, sur certains points, pourrait être cultivée pour la consommation.

Les navets croissent très bien et très vite, quand la terre est travaillée et fumée. Il en est de même des choux variés. Ces légumes viennent en plein hiver et constituent une ressource précieuse trop négligée.

Les pommes de terre et les topinambours donnent en abondance des tubercules alimentaires, même dans les cultures indigènes ; mais les récoltes sont presque toujours volées et il convient de faire de nouveaux efforts pour propager cette culture.

En pays kabyle, on trouve toujours, près des maisons, un petit jardin non arrosé et contenant l'artichaut sauvage et le scolyme d'Espagne (Guernina).

Ces deux plantes fournissent une quantité considérable de substance alimentaire.

Si la population indigène du Chéliff était moins insouciante, elle ne manquerait pas d'imiter les Kabyles.

La betterave, la carotte, le salsifis viennent aussi sans soins spéciaux.

Les courges, dans les terres bien fumées et arrosées, donnent de très beaux produits qui peuvent se conserver facilement.

L'oignon et l'ail pourraient être faits pour la vente.

Les cultures de jardins peuvent, même dans les stations non irriguées, apporter un appoint très précieux à l'alimentation.

Les fumiers ne sont pas utilisés; généralement, ils sont abandonnés autour des gourbis.

Quelques cultures de jardins pourraient aussi être tentées.

Le safran dans les parties montagneuses, dans les emplacements convenables, donnerait un produit d'une grande valeur, et cette culture peut très bien être faite par une famille indigène.

Le câprier vient très bien aussi en coteau aride ; cette culture n'est pas compliquée et conviendrait aux Indigènes qui vendraient les câpres fraiches aux colons détenteurs de vinaigre convenable pour conserve.

Enfin, parmi les cultures secondaires ayant quelques chances de succès dans les parties arides du Chéliff, il convient de citer :

L'alpiste, qui peut être fait en mélange aves les céréales et retiré par le crible après moisson.

Les Agaves textiles. — L'agave américaine prend dans le Chéliff un très beau développement et il est probable que les espèces textiles se comporteraient bien aussi.

Les usines de crin végétal pourraient facilement compléter leur installation pour traiter à la fois le palmier-nain et l'agave textile ou sisal.

Il existe, aujourd'hui, des machines très économiques pour traiter le sisal, le principal agave exploité. La pulpe des feuilles peut être mangée par le bétail après l'extraction de la fibre.

Les cultures du figuier de barbarie ont, depuis longtemps, rendu de grands services dans le Chéliff. Sur bien des points, les anciennes plantations sont négligées, abandonnées au bétail qui en réduit le périmètre tous les ans. Il est urgent de provoquer l'entretien de ces sortes de vergers et de faire faire de nouvelles plantations, non seulement pour obtenir les figues, mais aussi pour nourrir le bétail avec les fruits et les raquettes, surtout les années de sécheresse.

Sur les coteaux, le figuier et le caroubier doivent être propagés, ainsi que la vigne, en vue de la production du raisin frais et sec.

Enfin des expériences récentes ont démontré que dans le Chéliff certains dattiers mûrissaient très bien et produisaient beaucoup.

Peu de pays, en apparence, se prêtent à plus de cultures que cette plaine du Chéliff; mais ce qui paralyse les efforts, ce sont les conditions climatériques très irrégulières : les hivers et les printemps sans eau, ne sont pas rares et alors rien ne vient sans irrigation.

Beaucoup de cultures signalées pourraient recevoir assez d'eau, si elles étaient disposées convenablement, à proximité des ravins dont les eaux pourraient être facilement détournées au moment des pluies, qui, ainsi accumulées sur un point, y produiraient un excellent effet. Mais ce sont là des pratiques auxquelles l'Indigène ne se soumettra que s'il y est contraint. La réussite des cultures horticoles se trouve donc liée à une organisation administrative spéciale qui disposera d'agents techniques pour initier les Indigènes et faire prospérer, malgré eux, leur agriculture qui est devenue incapable de les nourrir.

Le Rapporteur,
Dr TRABUT.

Industries agricoles secondaires de la plaine du Chéliff.

Industrie du crin végétal. — Nous ne chercherons pas, dans cet exposé, à faire ressortir les bénéfices, souvent exagérés, que la comparaison des prix de revient et des prix de vente peut faire espérer. Nous sommes persuadés que l'industrie du crin végétal est peu prospère. Notre but cependant est de montrer que :

1° Les bénéfices qu'on peut en retirer, quoique faibles, existent quand l'exploitation est bien comprise ;

2° Qu'elle a l'avantage de se monter avec un faible capital ;

3° Qu'elle emploie beaucoup de main-d'œuvre, par conséquent donne du travail à un très grand nombre d'ouvriers qui n'ont pu trouver à s'occuper ailleurs ;

4° Que toute main-d'œuvre est utilisable, quelques ouvriers seuls devant posséder une habileté particulière, et qu'enfin, employant une matière première qui ne coûte souvent que la peine de la cueillir et de la transporter, qui ne craint ni la sécheresse ni les intempéries, cette industrie peut créer une richesse de plus et procurer aux habitants de la région un travail assuré dans les années de disette.

De pareilles industries seraient sûrement de celles qui seraient susceptibles de venir le plus en aide, dans les mauvaises années, aux petits colons et surtout aux Indigènes de la plaine du Chéliff.

On pourrait nous faire une objection ; dans l'une des réunions tenues à Orléansville, un des membres de la Commission disait qu'en années moyennes, les Indigènes n'étaient pas assez nombreux pour suffire aux besoins de la culture et, qu'au contraire, dans les mauvaises années, les colons employant peu de main-d'œuvre, ces Indigènes se trouvaient sans ressources. Il demandait que des tarifs de transport beaucoup moins élevés, que ceux actuellement en vigueur, leur fussent appliqués ; ces tarifs permettraient aux travailleurs de venir en temps opportun dans le pays et de retourner ensuite chez eux.

Le système est-il bon ? On s'en plaint souvent partout où il fonctionne. Le commerce local n'y gagne rien ; les travailleurs exportent loin du pays l'argent qu'ils y ont gagné. Est-on sûr aussi que les compagnies de chemin de fer diminueraient leurs tarifs ? Il vaudrait mieux, peut-être, chercher à fixer la main-d'œuvre en lui procurant un travail régulier.

L'industrie du crin végétal pourrait certainement atteindre ce but. Elle chômerait presque au moment des travaux agricoles, à cause de la cherté de la main-d'œuvre, elle reprendrait ensuite quand cette main-d'œuvre aurait suffisamment baissé de prix. La matière première, la feuille de palmier, peut toujours attendre.

La feuille de palmier nain, d'où l'on retire le crin végétal, portée sur bascule à la fabrique, est payée généralement 1 fr. 20 à 1 fr. 50 le quintal, suivant les époques. Le prix le plus courant est 1 fr. 40.

L'industrie comprend trois opérations :

    1° Le peignage ;

    2° Le séchage ;

    3° Le cordage ;

Le peignage se fait au cylindre. Ce cylindre est actionné par un moteur. La force motrice, si les barrages projetés étaient construits, pourrait être donnée par l'eau, mais, en attendant, il faudrait se servir de moteurs alimentés soit par le charbon, soit par le bois, soit par le pétrole ou actionnés par des chevaux.

A moins de se trouver près d'une gare, et peut-être encore dans ce cas, le charbon coûterait un peu cher pour une pareille industrie.

Les Arabes apporteraient certainement du bois à bon compte, mais les quelques forêts, qui se trouvent dans la région, seraient vite détruites et le déboisement, si préjudiciable en Algérie, suivrait une marche par trop rapide.

Le pétrole pourrait, peut-être, rendre d'importants services, surtout si les sources des environs de la plaine du Chéliff venaient à être sérieusement exploitées.

Enfin, la traction animale pourrait être utilisée. Une partie des bêtes de trait, la plus mauvaise, y trouverait facilement un bon emploi.

Les chevaux à la réforme rendent encore de bons services au manège. Les animaux inoccupés à certaines époques trouveraient là toujours du travail.

Étudions l'appareil le plus simple, l'industrie la moins compliquée, celle du crin végétal qui, à notre avis, rendrait le plus de services à cause de son installation facile et surtout peu coûteuse. Cette installation comprendrait : Un manège mû par quatre chevaux, une transmission du mouvement et un tambour ou cylindre peigneur. Voilà pour le peignage.

Pour le séchage, quelques fourches seules seront utiles.

Pour le cordage, un tour.

L'achat et l'installation de ce matériel ne coûtent pas plus de 2.000 francs. Il faut estimer que le tout sera renouvelé en 4 ans. En comptant au 6 % l'intérêt de l'argent, l'annuité à payer sera, environ, 650 francs.

Le manège, le cylindre et souvent les feuilles seront sous un hangar qui devra être assez grand pour qu'une partie du travail, celui du triage des feuilles, puisse y être fait. Une écurie pour 5 chevaux au moins sera à côté du manège. Le loyer de tous ces bâtiments est évalué à 1.500 francs par an, y compris tout le terrain nécessaire.

Les animaux, achetés à un prix très faible, sont vite hors d'usage. On peut compter qu'il faudra les renouveler deux fois par an. Comme, au moins, cinq seront nécessaires, dans le cas où l'un d'entr'eux serait fatigué et pour donner un jour de plus de repos tous les cinq jours de travail, on devra prévoir l'achat de 10 bêtes par an. Au prix de 80 francs, cela fait 800 francs.

La nourriture de ces animaux peut-être estimée à 400 fr. par an, ce qui fait 2.000 fr.

On peut compter encore 300 fr. par an de frais généraux, dans lesquels nous ferons entrer le harnachement, la ferrure, etc. Tels sont les frais annuels.

Les frais journaliers sont les suivants :

1° Un ouvrier peigneur, payé souvent aux pièces, mais dont la journée revient à fr.. . . . . 7 00
2° Un ouvrier coupeur. 2 50
3° Cinq ouvrières qui préparent les feuilles, à 1 fr. 25 =   6 25

En tout 15 75

Chaque cylindre peigneur peut, quand le personnel est exercé, utiliser 15 quintaux de feuilles de palmiers.

Les feuilles sont d'abord passées une première fois, le déchet est environ de 10 °/°. Ce déchet est repris, trié par les ouvrières et repassé au cylindre. Le nouveau déchet n'est plus que de 2 à 3 °/°.

Le crin une fois obtenu, on le fait sécher. Il perd par séchage 14 °/° de son poids, en comptant les pertes inévitables, 15 °/°.

Le séchage, les transports, la main-d'œuvre supplémentaire que l'on doit employer, coûtent environ 10 francs par jour.

Avant de l'expédier, le crin est cordé. On se sert pour cela d'une sorte de tour. Un bon cordeur peut tenir tête à un cylindre, en sorte qu'on devra mettre autant de tours que de cylindres.

Le cordage coûte 1 fr. 25 le quintal environ.

Les frais de réparations, le graissage des appareils, l'entretien des outils coûtent à peu près 6 fr. par jour.

En sorte que les dépenses journalières sont les suivantes :

15 quintaux de feuilles payées 1 fr. 40.............	21.00
Peignage.......................................	15.75
Cordage 12.75[1] $\times$ 1.25......................	15.95
Séchage, transport, main-d'œuvre supplémentaire.	10.00
Graissage-réparations.........................	6.00
	68.70

On peut compter 80 jours forcés de chômage. Le tout représente annuellement une dépense de 19,579 fr. 50.

Les dépenses annuelles sont :

Annuité..	650 fr.
Loyer...	1.500
Prix des animaux.............................	800
Nourriture...................................	2.000
Frais généraux...............................	300
Assurances...................................	365
Total...........	5.615 fr.

Les dépenses s'élèvent donc tous les ans à :

$$19.579 \text{ fr. } 50 + 5.615 = 25.194 \text{ fr. } 50$$

ou en chiffres ronds 25.200 fr.

Voyons maintenant les recettes.

Les 15 quintaux de feuilles traitées donnent en tenant compte des déchets et de la perte de poids dûe au séchage :

$$15 \times 0,80 \text{ quintaux de crin} = 12 \text{ q. } 75.$$

Les crins sont divisés en trois grandes catégories :

1° Les crins ordinaires, dont le prix est de 7.25 à 8 fr. le quintal.

2° Les crins supérieurs valant, 9 à 10 fr. le quintal.

3° Les crins extra et petites cordes valant 15 à 16 fr. le quintal. Si le crin est teint, son prix augmente de 2 fr. à 2 fr. 50 le quintal. La production journalière est donc

$$12 \text{ q. } 75 \times 8 = 102 \text{ fr.}$$

Le prix de 8 fr. est en effet le prix moyen, car on fabrique peu de crins supérieurs et de petites cordes qui d'ailleurs exigent trop de main-d'œuvre.

---

(1) Ce chiffre 12,75 représente le produit, après déchets et perte de poids, de 15 quintaux de feuilles.

Les recettes annuelles sont donc de :

$$102 \times 285 \overset{(1)}{=} 29.070 \text{ fr.}$$

ou, en chiffres ronds, 29,000 fr. Les bénéfices seraient donc de :

$$29.000 - 25.200 = 3.800 \text{ fr.}$$

Cette somme représente le payement du propriétaire ou de l'entrepreneur qui doit être constamment sur les lieux, pour veiller à ce que les fausses manœuvres et surtout le gaspillage ne viennent pas rogner ses faibles bénéfices.

Bien dirigée, l'industrie peut donc vivre ; elle transforme une matière, qui pousse naturellement, en un produit dont la valeur est de 29.000 fr. environ. Un seul ouvrier est payé 7 fr., le salaire des autres varie depuis 0 fr. 50 jusqu'à 2 fr. 50. La majeure partie ne gagne guère plus de 1 fr. à 1 fr. 25. Il y a donc là du travail pour 80 personnes au moins.

Il est rare qu'une industrie de crin végétal se monte avec un seul cylindre peigneur. Il y en a généralement 4 ou 5 procurant ainsi du travail à 400 personnes environ. Une bonne partie de ce personnel serait sur place au moment des travaux agricoles et vivrait ensuite de l'industrie du crin végétal. On pourrait ainsi dans la plaine du Chéliff, en installant encore 3 ou 4 usines de ce genre, fixer dans la région 12 à 1.600 travailleurs de plus qui ne tireraient pas exclusivement de la culture leurs moyens d'existence et laisseraient dans le pays, tous les ans, une somme de 5 à 600.000 fr. dont l'agriculture locale profiterait presque en totalité.

Les centres de Carnot, Duperré, Affreville, et l'Oued-Fodda possèdent des usines bien installées ; leur exemple pourrait être suivi avec avantage par les centres qui n'en ont pas.

On peut dire que l'avenir de cette industrie n'est pas limité par la quantité de palmiers. Les Arabes en apportent au-delà de ce qui peut-être exploité par les usines du genre de celles qui se trouvent dans la région.

La gare d'Affreville a exporté, dans ces trois dernières années, une moyenne de 72.000 quintaux de crin végétal, représentant environ 576.000 fr. On pourrait facilement doubler, à notre avis, cette production. Un peu de l'argent employé à la colonisation pourrait être dépensé avec avantage à aider et même à créer des usines de crin végétal. Un faible capital suffirait à donner un mouvement considérable dans les terrains secs des régions de la plaine du Chéliff où le palmier nain pousse à merveille.

---

(1) Ce chiffre représente le nombre des jours non fériés de l'année.

Plantes aromatiques. — Nous n'avons sur la distillation des plantes aromatiques que des renseignements très vagues.

Deux fabriques d'essences se trouvaient établies près de Relizane, elles ne fonctionnent plus. Elles distillaient la lavande, le thym, le fenouil, mais leurs usines étaient trop primitivement montées, le rendement était médiocre et devant les faibles prix de vente des essences, elles ont dû fermer leurs portes. Il n'y a actuellement, à notre connaissance, que deux usines dans le Dahra et encore ne fonctionnent-elles que modestement.

L'industrie de la distillation est un peu nomade. Le distillateur connaît les régions et sait à quelles époques les plantes qu'il devra y distiller seront bonnes à couper. Mais il arrive souvent, comme l'un des membres de la Commission nous le faisait justement remarquer, que le distillateur ne peut travailler faute de matière première. Les prix de vente de l'essence étant très faibles, la plante ne peut être payée fort cher, et comme elle n'est pas très abondante et que sa cueillette demande beaucoup de main-d'œuvre, l'Arabe ne trouve aucun avantage à la récolter. C'est au printemps et en automne que la distillation des plantes aromatiques devrait marcher le plus activement. Or c'est à ce moment aussi que les travaux agricoles occupent le plus les travailleurs et que, par conséquent, la main-d'œuvre est la plus chère. D'ailleurs cette industrie ne dure pas assez de temps pour que les Indigènes se déplacent pour elle. Aussi, si les conditions économiques ne changent pas, il nous est permis de douter du relèvement de cette industrie.

Agaves a filasses. — Sous les pins qui se trouvent dans la région d'Orléansville, l'Administration, probablement dans une mesure de prévoyance contre l'incendie, a fait placer des agaves qui tiennent lieu de mort bois. Ces mort bois sont souvent la cause des sinistres. Nous nous sommes demandés si l'Administration forestière ne pouvait pas avoir avantage à propager ainsi certaines variétés spéciales d'agaves. Quelques agaves sont, en effet, exploités pour les filasses qu'ils donnent (Agave Lechuguilla-Mexique) d'autres pour l'eau-de-vie que les cœurs et la hampe florale peuvent produire par fermentation (Agave Palmier).

Sans insister d'une façon particulière sur les bénéfices que l'exploitation de ces plantes pourrait procurer, nous tenons à les signaler dans cette étude. Les agaves à filasses pourraient trouver à être travaillés dans les fabriques de crin végétal et ces deux industries, marchant parallèlement, se soutiendraient l'une l'autre dans les mauvais jours qu'elles auraient individuellement à traverser et donneraient un supplément de travail aux Indigènes de la région.

PRODUITS ALIMENTAIRES NATURELS. — Il existe fort peu de ressources alimentaires naturelles. C'est sûrement un bien pour ces régions, car l'Arabe, paresseux de sa nature, se refuserait absolument à travailler s'il trouvait à vivre sans se fatiguer. Nous ferons, cependant, entrer dans la catégorie des produits alimentaires naturels, le gland du chêne ballote et la figue de barbarie.

Le gland du chêne ballote est doux, renferme fort peu de tanin, possède un albumen très nourrissant. Sa saveur tient à peu près le milieu entre la saveur de l'amande et celle de la châtaigne. C'est une production très appréciée surtout dans les années de sécheresse, quand l'argent et les matières alimentaires, l'orge, le blé, les pommes de terre manquent sous les tentes. Le gland se vend sur les marchés d'Orléansville, à un prix qui représente un peu plus de la valeur de la main-d'œuvre employée pour le cueillir et le transporter à la ville.

Il serait certainement à souhaiter que l'Administration forestière propageât cette essence partout où cela est possible. Elle est moins combustible que les pins et elle pourrait, par une sage règlementation, éviter, ou tout au moins atténuer dans une certaine mesure, les famines qui poussent l'Indigène au vol et au brigandage. L'Arabe, trouvant presque à se nourrir sans frais, pourrait attendre des jours meilleurs, des conditions plus favorables d'existence. Il nous suffira donc de signaler ce produit à l'Administration des forêts en l'engageant à le ménager, à empêcher même qu'il soit cueilli dans les années moyennes et à le réserver pour les années de sécheresse et de misère.

FIGUES DE BARBARIE. — Nous craindrions de sortir du cadre qui nous a été donné en traitant de la culture du figuier de barbarie ; nous ne pouvons cependant pas passer sous silence une plante aussi intéressante.

Tout le monde s'accorde à dire que le figuier de barbarie peut rendre de réels services dans les plaines sèches et chaudes de la vallée du Chéliff et pourtant le nombre d'hectares de cactus n'augmente que dans des proportions insignifiantes. Plusieurs motifs ont été donnés à cela.

L'Indigène n'aime pas faire de plantations. Ce n'est qu'au bout de la 3e ou 4e année que le figuier commence à donner ses fruits. Il faut l'arroser, le soigner beaucoup dans les premières années, le garantir de la dent des troupeaux. Tout cela demande de l'argent et du travail, deux choses que l'Arabe n'a pas ou ne fera pas. On ne peut cependant pas généraliser, et nous sommes certains que quelques Indigènes, plus éclairés que les autres, se mettraient volontiers à l'œuvre, si une préoccupation d'un autre ordre ne venait les retenir ? Le figuier, une fois en production, qui ramasserait les fruits? Les maraudeurs, toujours à l'affût, auraient vite dépouillé les cactus de leurs fruits. La garde serait trop difficile et trop coûteuse.

Les plantations isolées ne pourraient donc donner que fort peu de produits à cause des vols nombreux qui s'y commettraient. Il ne reste plus à l'Arabe qu'à planter, comme il le fait, quelques cactus autour de sa tente. Ces cactus lui serviront de muraille, d'abri, de nourriture pour lui et quelquefois pour ses animaux. L'Administration pourrait peut-être obliger l'Indigène à planter quelques hectares de cactus en plus ; ce serait pour lui une sage mesure de prévoyance.

Il faut être habitué à la figue de barbarie pour la digérer convenablement. Cette alimentation produit des constipations souvent dangereuses même pour les Indigènes. Il faudrait alors chercher à l'utiliser autrement, si sa production venait à augmenter. Elle pourrait être distillée après fermentation.

D'après M. Egrot, 100 kilos de figues peuvent donner 8 litres d'eau-de-vie à 50°. Si l'on compte 1,200 pieds à l'hectare et une production moyenne de 10 kilogs de figues par pied, on voit que l'hectare de cactus pourrait produire 960 litres d'eau-de-vie à 50°. Le prix de ce produit est de 44.75 à 45 francs l'hectolitre, quand il est ramené à 90°. L'hectare rapporterait donc 240 francs en chiffres ronds. Les frais de culture se réduisent à ceux de la cueillette des fruits. La fermentation et la distillation ne coûteraient pas cher ; les mêmes appareils servant à la distillation des plantes aromatiques seraient utilisés, à certaines époques, à la distillation des moûts fermentés de figues. Les deux industries trouveraient là un avantage sérieux à se servir du même matériel.

L'*opuntia* que l'on pourrait préconiser comme donnant de bons fruits est l'*opuntia tuna camœsa*, dont les fruits sont énormes et très sucrés.

Dans les régions sèches du Chéliff, les fourrages frais manquent absolument pendant tout l'été. Les raquettes des figuiers de barbarie pourraient, dans bien des cas, les remplacer avantageusement. Mais pour cela, il faudrait trouver des variétés absolument inermes. Ces variétés existent dans la culture. Mais, lorsqu'on laisse ces figuiers abandonnés à eux-mêmes dans les sols secs et de mauvaise qualité, les plantes forment de nouvelles épines. Cependant certaines variétés, très épineuses au début, perdent presque complètement leurs épines, lorsque la raquette est formée définitivement. Nous citerons parmi ces variétés, l'opuntia inerme de Siga, à feuilles longues et à feuilles rondes, l'opuntia Tapon, originaire du Mexique.

D'après MM. Grandeau, qui a analysé les raquettes, et Castelli, qui évalue à 200.000 kilos la production d'un hectare de cactus en terrain sec, on pourrait déduire que, sous le rapport alimentaire, cette plante donne un rendement double de celui d'une prairie naturelle. Les feuilles cueillies quelques jours avant d'être utilisées, seraient coupées, saupoudrées de 1 °/₀ de sel, mélangées avec des tourteaux et de la menue paille et abandonnées quelques jours à une macération et à une légère fermentation. Elles fourniraient un aliment de premier ordre au bétail dont l'augmentation contribuerait au bien-être et à la fertilité du pays.

Apiculture. — L'apiculture peut-être considérée comme une source de produit alimentaire : le miel, et comme une industrie gratuite : la cire.

La plaine du Chéliff est une des moins favorisées de l'Algérie pour l'élevage des abeilles. Tandis que la Mitidja a les prairies artificielles, la Kabylie les arbres et le sulla spontané, le Chéliff n'a que peu de fleurs à offrir aux abeilles comme nourriture. Il serait bon d'essayer cependant de constituer des ruchers d'une certaine importance. Les abeilles butinent fort loin de leur demeure et peuvent, presque à toute époque, trouver de quoi vivre. Dans les années de sécheresse exceptionnelle, on peut les nourrir pendant la plus mauvaise saison. Mais, depuis l'automne jusqu'à la fin du printemps, l'abeille se procure en Algérie de quoi remplir ses cadres.

Deux systèmes de ruches peuvent être adoptés : 1° la ruche arabe qui ne coûte presque rien, peu commode et en général envahie par la teigne qui fera beaucoup de mal à la colonie ; la ruche arabe ne donnera qu'une récolte de 1 kil. 500 à 2 kilos de miel au plus par an ; 2° la ruche française, à cadres mobiles dont il existe plusieurs modèles, qui pourra donner annuellement de 10 à 12 kilos de miel.

Le débouché du miel est toujours assuré, l'Arabe en est très friand, les pharmaciens en usent beaucoup et on peut s'en servir pour les usages domestiques. Aussi, le prix du miel est-il toujours élevé en Algérie. La production du miel ne suffit pas au pays qui en importe près de 200.000 kilos par an. Au prix moyen de 1 fr. 20 le kilo, cela fait 240.000 francs. Une ruche française pourrait donner un produit brut de 12 francs. La ruche peut coûter 25 à 45 francs selon le modèle ; celles du Dʳ Reisser ne coûtent que 10 fr. En comptant 2 fr. 25 d'entretien et de manipulation par an, on voit que l'argent ne serait pas mal placé, si l'apiculture pouvait être faite en grand.

La ruche a des inconvénients : 1° Elle exige une certaine surveillance ; les Arabes ne craignant pas, en effet, les piqûres des abeilles, ouvrent la ruche, prennent les gâteaux et détruisent ainsi le travail de toute l'année. On n'emploiera donc que des ruches pouvant se fermer ; 2° la température de l'été est souvent telle que la cire des gâteaux fond. On placera les ruches de façon à les abriter le plus possible de l'ardeur du soleil.

Basse-Cour. — Il n'est pas de petite exploitation que le colon et l'indigène doivent dédaigner ; la basse-cour est dans ce cas. Sans parler d'installation grandiose, de poulaillers étagés et disposés pour l'élevage et l'engraissement en grand de la volaille, nous dirons toutefois que cette volaille est indispensable si on veut que rien ne se perde dans une ferme. Il est, en effet, des déchets de toutes sortes, que, ni animaux domestiques, ni chiens n'utiliseraient. Les poules trouvent à vivre des mille débris que le ménage le plus économe laisse perdre malgré tout. Cette perte de quelques centimes par jour de matière nutritive, la volaille l'emmagasinera et la transformera en un capital qui sera représenté par sa valeur au moment où elle devient marchande. Si on la conserve, dès que l'âge adulte est atteint, ce capital produit un très gros intérêt représenté par les œufs que la poule fournit presque tous les jours. Il n'est peut-être pas d'exploitation plus lucrative que celle de la volaille, quand on sait la proportionner à l'étendue de la culture. Tous les déchets doivent être utilisés là ; mais, malheureusement, on tombe souvent dans un excès préjudiciable qui faussera vite toutes les prévisions. De ce que 20 poules donnent un bénéfice de 50 francs, il ne faudrait pas conclure que 200 poules donnent 500 francs de bénéfice. Dès qu'il faut acheter le grain, payer un domestique pour faire cuire les aliments et soigner la volaille, les bénéfices se transforment vite en pertes réelles et il se trouve que l'élevage de la volaille doit être abandonné. L'exploitation de la basse-cour, à moins de se trouver dans des conditions économiques exceptionnelles, devra donc toujours être limitée aux déchets disponibles et rester en proportion avec l'étendue mise en culture. Le besoin seul d'avoir à sa disposition une nourriture saine et réconfortante, les œufs et la volaille, pourra faire dévier de cette règle.

Il en sera de même des lapins que l'on peut élever en basse-cour ; on ne devra en tenir que pour utiliser les déchets que les chevaux, bœufs et moutons auront laissés, et pour la commodité. Ainsi comprise, la basse-cour coûte peu ou rien, elle trouve au dehors une partie de sa nourriture et peut représenter, quand rien ne se perd, une petite source de profits.

Le Rapporteur,
P. Vermeil.

Alimentation du bétail. — Plantes fourragères. — De la conservation des Fourrages. — Abris.

La plaine du Chéliff, qu'une sécheresse persistante éprouve si souvent, produit rarement, en abondance, du fourrage naturel. On n'y voit guère de ces prairies, toujours verdoyantes, qui, après que le foin a été fauché, donnent encore un regain de végétation, procurant ainsi aux bestiaux de plantureux pâturages.

Il serait cependant à souhaiter que les colons européens et les cultivateurs indigènes pussent, dans la plaine du Chéliff, se livrer à l'élevage du bétail, dont la vente à des prix rémunérateurs leur assurerait, les années où les céréales viendraient à manquer, des ressources précieuses.

Aussi y a-t-il un intérêt réel à rechercher les moyens propres à assurer et même à améliorer, dans cette région, l'alimentation du bétail.

C'est l'objet de cette étude.

Le fourrage est soit naturel, soit artificiel.

1° Fourrage naturel. — Quand les pluies d'automne sont abondantes, nos champs laissés en friches produisent, ces années, du fourrage en assez grande quantité. Mais il devient plus rare, au fur et à mesure que les terres restent plus longtemps privées de labours. Après quelques années de jachère, ces dernières se trouvent même réduites à l'état de simples parcours. Il suffit alors de pratiquer, à l'automne, un léger labour pour voir aussitôt reparaître l'ancienne végétation.

Confection du fourrage. — Dès les premières pluies, il est nécessaire d'interdire aux animaux l'entrée des champs où pousse déjà le fourrage. Je conseillerai aussi, en particulier aux Européens qui se servent, pour couper le foin, de la faulx ou de la faucheuse, de niveler le sol en y faisant passer, avant que l'herbe ne soit trop haute, le rouleau ou la herse. Le travail de la faucheuse se trouvera, en son temps, de beaucoup facilité. Une faucheuse, occupant un homme et deux chevaux, fauchera facilement de la sorte quatre hectares par jour, ce qui porte à 5 ou 6 francs au maximum le prix de revient de l'hectare fauché. C'est là un résultat appréciable, malgré que dans la plaine du Chéliff la main-d'œuvre indigène ne soit pas très élevée à l'époque de la moisson. Le foin coupé, sitôt après le passage de la faucheuse, sera rassemblé en petits tas qu'on doublera le lendemain, et ainsi de suite, de manière à former, au bout de deux ou trois jours, de gros meulons de fourrage encore vert et non décoloré par le soleil.

Il existe encore un autre moyen de faire d'excellent fourrage, même en utilisant les mauvaises herbes qui, en séchant, n'auraient jamais, sans ce procédé, offert au bétail qu'une nourriture médiocre. Je veux parler de l'ensilage que, sur les conseils de M. Marès, notre dévoué professeur d'agriculture, j'ai pratiqué cette année avec succès.

J'avais rempli deux silos, de 50 mètres cubes chacun, de chardons, de mauves, de ravenelles et autres plantes de mauvaise qualité, auxquelles j'avais préalablement mélangé, dans la proportion d'un 1 5, des herbes de qualité plus fine. Quand on ouvrit les silos, le foin qu'on en retira était parfumé et fut fort goûté des bœufs et des moutons. Les chevaux, après quelques hésitations, s'en montrèrent très friands.

Je ne saurais trop engager les cultivateurs de la plaine du Chéliff à mettre en silo la plus grande partie de leur récolte de fourrage. Ce procédé présente, en effet, de nombreux avantages. D'abord, pour tous les usages intérieurs de la ferme, il fournit aux bêtes une excellente nourriture. L'ensilage a encore pour résultat de réduire sensiblement la main-d'œuvre dont le rôle se borne à entasser l'herbe fauchée dans les silos.

L'humidité que conserve le foin, ainsi enfermé, en même temps qu'elle l'amolit et le rend plus assimilable aux bêtes, épargne aux colons les nombreux déchets causés par le bris des tiges qui se produit inévitablement sous l'influence du soleil.

L'ensilage permet encore au petit cultivateur de faire sa provision de fourrage avec des herbes perdues et d'employer ainsi toutes ses terres à la culture.

Il est bon de remarquer, en outre, qu'avec ce procédé d'emmagasinage, les risques d'incendie sont supprimés et que les colons peuvent se dispenser de payer des primes d'assurance. Enfin, à tous ces avantages, il faut ajouter que l'ensilage constitue un des meilleurs modes de conservation du fourrage.

La quantité de fourrage récolté en terre sèche et parmi les meilleures de la plaine, peut être évaluée à 20 quintaux par hectare.

2º *Fourrage artificiel.* — Mais les fourrages qui poussent naturellement, pendant les années pluvieuses, sur nos terres en jachère, ne sauraient toujours suffire à l'alimentation du bétail. Il est, dès lors, indispensable de parer aux éventualités de la sécheresse et de la disette du fourrage naturel en créant des prairies artificielles.

Toutes les plantes fourragères ne sont pas. à un égal degré, susceptibles de donner, dans la plaine du Chéliff, des résultats avantageux. Il est utile, à cet égard, de distinguer les cultures fourragères à recommander suivant que les terres qu'on y affecte sont ou non irrigables.

Si les terres dont on dispose ne sont pas irrigables, il faut, tout d'abord, écarter la culture du sulla. Cette plante se montre, en effet, difficile sur la nature des terres et ne peut supporter une trop grande sécheresse. Le sainfoin d'Espagne, dont j'ai aussi tenté la culture, en terres sèches, pendant deux années consécutives, ne m'a également donné aucun bon résultat. Je ne vois guère que la vesce dont la culture réponde bien aux conditions climatériques de notre plaine et ne nécessite pas d'irrigations. On la sème en automne, de très bonne heure, en la mélangeant à un peu d'orge ou d'avoine. La proportion est de 75 kilos de vesces du Languedoc et de 20 kilos d'orge ou d'avoine à l'hectare. On fauche dès que la vesce est en fleur et on prend le soin de ne manier le fourrage ainsi obtenu que le matin, à la fraîcheur, pour ne pas l'effeuiller. Le rendement de la vesce est supérieur à celui des fourrages naturels. Année moyenne. il peut être évalué à 30 quintaux à l'hectare. La vesce est, en outre, une culture améliorante.

Je ne conseillerai pas, au contraire, la culture de la betterave fourragère qui, sans irrigation, ne donne pas un rendement rémunérateur. Les essais que j'en ai faits. depuis trois ans, n'ont guère réussi.

Une culture appelée à prendre une grande extension dans la plaine du Chéliff, où elle rendrait d'importants services, est celle du cactus inerme. Le figuier de barbarie. offrirait, en effet, aux colons européens aussi bien qu'aux Indigènes. des avantages considérables. Tout est utilisable dans cette plante agreste qui résiste à la plus grande sécheresse. Les Indigènes trouveraient, dans son fruit une nourriture abondante et précieuse les années de disette. Les animaux. et particulièrement les porcs, s'en montrent très friands. Les feuilles, coupées en morceaux, fournissent une excellente nourriture pour les bœufs, les vaches, les moutons et même les chevaux. On assure même qu'elles poussent au lait.

La paille joue également un grand rôle dans l'alimentation de nos bestiaux. Elle peut même remplacer, à un moment donné, le fourrage qui vient à manquer. A ce sujet, il serait bon de conseiller aux Indigènes de couper leurs céréales un peu plus bas qu'ils ne le font. Cette réserve de paille menue leur serait d'un grand secours les années sèches.

Les Indigènes, en effet, dans leur grande insouciance de l'avenir, se préoccupent peu de s'approvisionner en fourrage. Ils nourrissent leurs bestiaux au jour le jour, et quand l'herbe fait totalement défaut dans les champs, ils les vendent à des prix dérisoires. Du reste, la plupart d'entre eux ne sont que locataires des terres qu'ils cultivent ou y sont seulement employés à titre de khammès. Dans le premier cas, ils ensemencent la totalité de leurs champs sans réserver les parcours nécessaires à la production du fourrage. Comme khammès, ils ne possèdent pas de bétail. Seuls, certains propriétaires indigènes se contentent de faucher l'herbe qui vient sur jachère. Quelques-uns rassemblent le foin en gros meulons que l'on peut voir établis près de leurs gourbis et que les animaux viennent ronger à même. Cette réserve, bien que minime, suffit pourtant à entretenir un peu de bétail pendant la saison sèche. On ne saurait trop recommander cette pratique aux Indigènes.

Ainsi, en dehors du fourrage naturel, les seules cultures possibles en terres sèches sont la vesce semée en automne et le cactus.

Bien différente est la situation des colons qui disposent de terres situées dans la zone d'irrigation. Les cultures fourragères auxquelles ils peuvent dès lors se livrer sont plus variées.

Toutefois, pour donner, même dans ces conditions, à ces cultures l'extension qu'il serait désirable de leur voir prendre, il ne faudrait pas, comme cela a lieu pour le canal dérivé du Chéliff, que l'eau d'irrigation revînt à 80 francs le litre.

Grâce aux irrigations, on peut obtenir, dans la plaine du Chéliff, du fourrage vert. Ce dernier remédie à la disette des fourrages venus en terres sèches. Plus rafraîchissant que le sec, il est aussi plus recherché du bétail. Une fois desséché, après ensilage, il permet de régulariser, été comme hiver, l'alimentation des bestiaux.

Dans les terres irriguées, la luzerne semée en automne, avec une céréale pour la préserver de la gelée, donne de belles récoltes. On peut, dès la première année de la création des luzernières, faire quatre ou cinq coupes. Mais cette grande production s'épuise bientôt et il n'est pas rare de voir, au bout de cinq ou six ans, les luzernières envahies par le chiendent et autres mauvaises herbes. Le ver blanc y produit aussi de grandes tâches. La luzerne, conservée pour fourrage sec, ne doit être maniée qu'à la fraîcheur du matin. Sans cette précaution, ses tiges se brisent et s'émiettent.

Le maïs, cultivé pour fourrage vert, est appelé à prendre un grand développement dans la plaine du Chéliff. Dès la fin février, on sème un carré de maïs dont on estime le rendement proportionné aux besoins de l'exploitation ; on renouvelle de quinzaine en quinzaine, jusqu'à fin août, ces ensemencements, grâce auxquels on aura des fourrages verts jusqu'en novembre. Le rendement du fourrage vert de maïs peut être évalué à 4 ou 500 quintaux à l'hectare.

Restent enfin les sorghos, et particulièrement le sorgho sucré, dont la culture serait avantageuse dans la plaine du Chéliff. Cette plante donne, au moins, une coupe après la première, qui peut, dès lors, être entièrement conservée dans des silos. Je me rappelle avoir vu, aux environs de Relizane, des colons européens qui, au mois de décembre, portaient encore à leurs bœufs, occupés aux labours d'ensemencement des céréales, des tiges de sorgho. Ces sorghos avaient été semés en avril, coupés une première fois en juin, une seconde fois à la fin du mois d'août, et donnaient encore, en décembre, un regain suffisant pour servir à la nourriture et à l'entretien des bœufs de labour.

Abris. — La question des abris est très controversée. Certains éleveurs des Hauts plateaux préfèrent laisser leurs moutons dehors pendant l'hiver. D'après eux, les moutons, quand ils sont bien nourris, n'ont pas à craindre la pluie, ni le froid. Ils ajoutent que la gâle qui sévit sur les moutons entassés dans les abris, disparaît sans autre soin, dès qu'on les laisse coucher en plein air. Cette manière de faire peut donner de bons résultats dans la région des hauts plateaux et quand il s'agit de moutons. J'estime cependant que pour nos brebis qui, dans la plaine, ont peine à trouver leur nourriture, surtout quand les pluies sont tardives, un abri, fût-il imparfait, est nécessaire. Bien peu d'Européens, du reste, laissent leurs brebis ou leurs vaches coucher dehors, exposées à toutes les intempéries.

L'utilité des abris n'est, au contraire, plus la même pour les bœufs, taurillons ou génisses. Je les laisse moi-même coucher dehors, été comme hiver, sans avoir eu à constater jamais sur eux des cas de mortalité causés par le froid.

Le Rapporteur,
SAMSON.

De l'Élevage du Bétail dans la plaine du Chéliff.

L'élevage du bétail, pratiqué d'une façon rationnelle, me semble devoir être, pour l'avenir, la principale source de revenus des producteurs de la plaine du Chéliff.

En effet, dans notre contrée, il est matériellement impossible de fumer les terres, avec les fumiers de ferme, sur de grandes surfaces. Dans une exploitation agricole grande ou petite, européenne ou indigène, pour faire de la bonne culture, l'agriculteur ne peut jamais cultiver qu'un quart de la superficie totale de son domaine ; il lui en reste donc trois quarts, dont un quart sera préparé pour la récolte de l'année suivante, et le restant laissé en jachère comme terre de parcours.

Sur ces terres de parcours ou destinées à être préparées au printemps, il est toujours possible au cultivateur, soucieux de ses intérêts, de posséder, en propre ou à titre de cheptel, un troupeau d'élevage de race bovine ou de race ovine qui lui assurerait, sur place, la consommation de ses pailles et fourrages, lui rendrait, à peu de frais, l'engrais nécessaire à la terre pour les récoltes à venir et lui produirait annuellement, toutes proportions gardées, un bénéfice égal, sinon supérieur, à celui que lui procureraient les récoltes.

Je préconiserai de préférence l'élevage de la brebis et pour plusieurs raisons.

D'abord, parce que coûtant peu, elle est à la portée de toutes les bourses ;

Ensuite, qu'étant très sobre et peu coureuse, elle est facile à garder ;

Qu'on peut en loger un grand nombre dans un espace relativement restreint ;

Enfin qu'elle est d'un très grand rapport. Toutes ces qualités sont éminemment appréciables pour le cultivateur.

Il est fort peu de colons, dans la contrée, qui ne sachent, aujourd'hui, que la brebis donne un rendement brut du cent pour cent, c'est-à-dire que, la première année, elle produit suffisamment pour rembourser le capital de première mise et les frais d'entretien.

La vache est aussi d'un très bon rapport, mais son élevage ne doit être entrepris par le petit cultivateur européen ou indigène, au point de vue du laitage qui entre beaucoup dans la consommation journalière, que dans la mesure de ses besoins domestiques.

Il faut autant de nourriture pour une vache que pour dix brebis.

Il lui faut aussi des étables aménagées spécialement, qui sont toujours très coûteuses.

Enfin, pour assurer son entretien pendant la saison rigoureuse, il faut de grandes réserves de fourrage, *les froids éprouvant beaucoup plus les vaches que les brebis*.

En résumé, quoique ses produits rendent de grands services et soient même indispensables à l'agriculture, il faut reconnaître que l'élevage de la race bovine, tant par les grands capitaux qu'il nécessite, soit comme première mise, soit pour les approvisionnements de nourriture, tant par les soins constants qu'il faut y apporter, ne peut être fait, avantageusement, que par les cultivateurs aisés et notamment par ceux qui disposent de bâtiments spécialement aménagés à cet effet.

Le cheval devient, de jour en jour, d'un élevage trop onéreux et j'estime qu'un colon, obligé d'élever une famille, doit laisser ce genre d'industrie à ceux qui peuvent s'en payer le luxe.

L'élevage du cheval est coûteux, en effet, parce que, pour être bien fait, il nécessite de grandes avances d'argent et exige des grands soins. Il doit, en outre, être laissé de côté par le petit cultivateur, parce que ses produits sont rarement rémunérateurs.

. La chèvre est un animal fort utile pour le petit colon; elle remplace avantageusement la vache pour le lait, et l'on devrait, sous ce rapport, sélectionner la race du pays, afin d'obtenir des chèvres laitières à grand rendement et bien résistantes au climat.

Mais son élevage devrait être restreint, car à côté de ses qualités laitières, la chèvre possède de nombreux défauts. En outre, ses produits sont peu appréciés.

En ce qui concerne l'élevage en général, je demanderai que nos Administrations, depuis le Gouvernement général, jusqu'à la simple commune, soient chargées de stimuler, par tous les moyens possibles, surtout chez les petits cultivateurs européens et indigènes, le désir d'améliorer les races d'élevage et d'appliquer les moyens propres à obtenir les meilleurs résultats, notamment pour les approvisionnements, la construction et l'aménagement des écuries.

Par des concours bien compris, et répartis dans les différentes communes de la plaine, à la suite desquels des récompenses pécuniaires ou honorifiques seraient distribuées, je crois que le Gouvernement obtiendrait, pour l'élevage des bêtes de boucherie, des résultats autrement rémunérateurs pour la fortune publique que ceux qu'il obtient pour la race chevaline, en faveur de laquelle, pourtant, il fait, tous les ans, de si grands sacrifices.

Je solliciterai, encore, pour les propriétaires voisins des forêts de l'Etat, la plus grande indulgence de l'Administration forestière, en ce qui concerne les délits de pacage et surtout une grande tolérance dans l'attribution du droit de pacage en forêt pour les bœufs et les moutons, à l'exclusion, bien entendu, des chèvres.

On rendrait, ainsi, sans causer de préjudice aux forêts, un grand service aux Indigènes, tout en préservant les massifs, par suite de la disparition des herbes, des grands incendies qui causent tant de dégâts au domaine forestier algérien.

Je demanderai, en outre, que les droits d'abattage soient réduits au minimum pour les chèvres, tout au moins pendant quelques années, afin d'en faciliter l'écoulement, parce que cette race tient une trop grande place chez l'éleveur indigène au détriment de la brebis ;

Que le droit d'abattage sur les brebis soit unifié, dans les différentes communes d'une même région, pour éviter la concurrence ;

Que ce droit soit d'un taux normal pour les brebis au-dessus de dix ans, mais qu'il soit très élevé pour celles n'ayant pas atteint cet âge. La production s'en trouverait augmentée, au grand intérêt de l'Algérie, pour laquelle les moutons forment une des principales sources de revenus.

Pour la vache et ses produits, je ne crois pas qu'il soit nécessaire de rien changer aux usages pratiqués actuellement ; car, malgré l'abattage continuel d'un grand nombre de taurillons et de génisses, je constate qu'il y a surproduction de cette race : cette situation tient, sans doute, à ce que le bœuf algérien n'a pas, comme le mouton, les mêmes débouchés d'exportation.

Mais un point sur lequel je ne saurais trop insister pour donner à la plaine du Chéliff tout le degré de prospérité qu'elle peut atteindre, tant au point de vue de l'élevage, qu'au point de vue de la culture, c'est la nécessité d'aménager, sur de grandes superficies, l'eau d'irrigation, grâce à laquelle on obtiendra non seulement d'abondantes récoltes, mais encore on pourra créer des prairies artificielles qui sont la base fondamentale de toute exploitation d'élevage.

On ne saurait donc trop attirer l'attention des Pouvoirs publics sur l'importante question des eaux d'irrigation dans la plaine du Chéliff, question de vie ou de mort pour cette belle et vaste vallée.

Le Rapporteur,
THIRION.

De la Situation agricole de la plaine du Chéliff.

I. — Etude des moyens administratifs pour parer a la sécheresse. — Reboisement ; Construction de barrages ; Conservation des ouvrages effectués.

Nous avons étudié les moyens à employer pour remédier à la sécheresse dans la région du Chéliff et nous avons conclu, tout d'abord, à la création d'un réseau de plantations, à défaut d'un reboisement général.

Quelle que soit la bonne volonté des colons, il leur sera impossible de réaliser un tel programme, sans l'aide de l'Administration. En effet, pour pouvoir planter des arbres, il faut que le cultivateur soit assuré qu'on ne les lui coupera pas pour en faire des cannes et que le bétail d'autrui ne viendra pas les abîmer ; or, ce résultat ne pourra être obtenu qu'en assurant la sécurité complète de la région.

D'un autre côté, pour amener les Indigènes à comprendre les avantages qu'ils pourront retirer de la multiplicité des arbres et des cultures arborescentes, il faudra que, pendant bien longtemps encore, l'Administration exerce sur eux, par toutes sortes de moyens, une action directe qui seule sera efficace.

Il en est de même pour le reboisement ; sans une action bien comprise de l'Administration, les forêts actuelles vont disparaître et il ne faut pas songer à en créer d'autres si nous ne sommes pas capables de protéger celles qui existent déjà.

A l'heure actuelle, nous pouvons affirmer que si l'on ne plante pas davantage, soit chez les Européens, soit chez les Indigènes, c'est que l'action administrative reste méconnue et que si l'on ne lui trouve pas des bases mieux appropriées aux besoins mêmes du pays, ce ne sera qu'avec une lenteur désespérante que nous parviendrons à un résultat.

Le second moyen de parer à la sécheresse est l'utilisation des eaux d'irrigation pour laquelle nous avons préconisé deux systèmes généraux. Le premier rentre un peu dans la catégorie précédente et, pour les mêmes raisons, il faut que l'Administration soit armée d'une autorité assez puissante pour permettre à l'initiative privée de se développer sans entrave.

Le second, c'est-à-dire l'établissement de barrages, se trouve, complètement dans les attributions de l'Administration. Il y a lieu de faire observer, à ce sujet, qu'il est fâcheux que l'on établisse toujours une distinction entre les premiers centres créés au début de la conquête, où presque tous les travaux sont dûs à l'initiative personnelle, et les nouveaux.

Il n'y a pas deux colonisations, il n'y en a qu'une seule : et tout le monde, Européens et Indigènes, doit participer à cet égard aux crédits dits « de Colonisation ».

II. — Moyens administratifs pour développer la culture. — Insécurité. — Modifications proposées, tant au point de vue judiciaire qu'au point de vue administratif.

Nous venons de voir que l'action de l'Administration doit être prépondérante pour employer les moyens destinés à parer à la sécheresse ; nous allons montrer que son action doit encore s'exercer, dans une très grande mesure, pour permettre le développement d'une culture plus savante et plus variée, aussi bien chez les Indigènes que chez les Européens.

Nous avons dit, dans le paragraphe précédent, qu'une des raisons pour lesquelles on plantait peu d'arbres, étaient le danger des vols et le risque des déprédations des animaux; c'est encore plus vrai pour les cultures de tous genres et pour l'élevage du bétail, qui en est la conséquence.

De nombreux exemples, qu'il serait facile de préciser, prouvent qu'il est presque impossible d'avoir des arbres fruitiers dans les fermes, situées même à une petite distance d'une ville. A l'époque où les fruits commencent à peine à mûrir, il faut garder toute la nuit ses jardins; malgré cela, les voleurs viennent fréquemment visiter nos arbres ; quelques-uns se font tuer, et c'est avec la plus grande répugnance que les gardiens en arrivent à cette extrémité.

On a calculé que, dans notre région, les voleurs prélevaient une dîme de 10 à 20 pour cent sur nos récoltes. Dans les régions où on a planté de la vigne, ils enlèvent quelquefois la totalité de la récolte. Les pommes de terre, les melons, tous les produits alimentaires dont les Arabes sont si friands, sont constamment pillés. Je n'insisterai pas davantage sur un sujet que nous connaissons trop bien.

L'Indigène, pas plus que l'Européen, n'échappe à ces déprédations ; il est même certain qu'il est encore plus volé que ce dernier. A cet égard, nous pouvons signaler, comme particulier à notre région, ce fait que les vols sont surtout accomplis par un petit nombre d'individus (généralement ceux qui savent le mieux le français), spécialistes dans leur genre, et qui organisent des bandes.

Ce qui le prouve bien, c'est que, lorsque un hasard heureux a permis de mettre la main sur un de ces chefs, on voit les tentatives de vol et les vols cesser comme par enchantement.

A quoi tient ce manque de sécurité ?

Les raisons en sont nombreuses ; elles ont été très souvent reproduites dans les journaux, dans les brochures, et nous ne ferons que répéter ce qui a été dit si souvent :

Tout d'abord, le mal provient du changement subit que nos législateurs ont apporté en Algérie avec le Décret des rattachements et l'application mal étudiée de la Loi municipale de 1884.

Nous avons bouleversé complètement chez les Indigènes une organisation qui respectait leurs coutumes et qui permettait la répression rapide des crimes et délits commis par eux.

Au lieu de conserver, avec des modifications pondérées, cette organisation simple qui leur convenait tant et qui avait assuré pendant plusieurs années une sécurité complète, on a mis l'Indigène en présence de notre Administration française et de ses rouages multiples. On lui a appliqué, au point de vue judiciaire, les règles du droit commun, et ces grands enfants, instruits par l'expérience, se sont aperçus que notre appareil de justice, avec sa procédure interminable, n'arrivait que difficilement à la découverte des auteurs des crimes, et qu'il était relativement facile de s'y soustraire.

Ils en ont tous profité pour se piller entre eux et pour voler les Européens.

Ils en souffrent plus que nous, et depuis plusieurs années, ils réclament une justice moins savante, mais plus efficace.

Leur parler d'améliorer leur culture, de planter de nombreux arbres, de perfectionner leur méthode d'élevage ne sert à rien ; ils vous répondent : « Si je plante des arbres fruitiers, assure-moi « que mes voisins ne viendront pas m'en voler les fruits. »

Si l'Indigène plante des pommes de terre, il est plus que probable qu'on ne lui laissera pas la peine de les récolter ; s'il fait des fourrages, les gens d'alentour, enchantés de trouver pour leurs bêtes une nourriture qui ne leur a pas coûté de peine à faire venir, les lui voleront.

Dans la région qui avoisine directement Orléansville, par suite des achats nombreux que les Européens ont fait de terres indigènes, le nombre des cultivateurs indigènes a beaucoup diminué et un grand nombre de ceux-ci constitue une population assez misérable qui trouve heureusement, dans la ville, quelques moyens d'existence ; mais on peut prévoir déjà que leur nombre va s'augmenter dans une proportion considérable, et il y a lieu de se préoccuper de cette situation.

Il est probable que, si la plaine du Chéliff voit la colonisation européenne se développer, cela ne pourra se faire qu'à la condition que de nombreuses terres indigènes passent entre des mains françaises, et la même situation se produira peu à peu autour de tous les centres importants.

Malgré ces causes d'insécurité, la population indigène augmente pour plusieurs raisons :

Avant notre arrivée en Algérie, les Indigènes vivaient d'une façon toute patriarcale et étaient divisés en tribus et douars disséminés sur des espaces très grands. Des querelles nombreuses, provenant de vols ou de jalousies, se transformaient en batailles générales de tribus à tribus ; quelques douars, composés de gens plus pillards que les autres, faisaient des incursions incessantes sur les territoires de leurs voisins, d'où il résultait de vrais combats où bon nombre d'hommes trouvaient la mort. D'un autre côté, ils étaient régulièrement décimés par des épidémies qui se renouvelaient assez fréquemment, et cet état de choses s'est même perpétué pendant les quarantes premières années de notre conquête.

Depuis que notre domination est assurée, toutes ces causes ont disparu ; et, comme il n'y a, chez les Arabes, ni célibataires ni couvents et que dès qu'une femme n'a pas d'enfants elle est immédiatement répudiée, il en résulte une augmentation considérable de la population indigène.

Malgré leur mauvais état d'hygiène, grâce à leur sobriété, grâce aussi à leur grande paresse et à leur peu de besoins, ils pullulent de plus en plus.

De l'aperçu que nous venons de donner, il est facile de conclure d'une part, que le mode actuel d'administration des Indigènes ne répond nullement à leurs besoins immédiats et qu'il a, d'autre part, le grave défaut de rendre absolument impossible un rapprochement sensible entre le Français et l'Indigène. Il n'est pas possible non plus de revenir à l'organisation même du début de la conquête.

Dans la région, notamment, les conditions d'existence des Indigènes se sont notablement modifiées ; ce qui n'a pas changé chez eux, ce sont leurs coutumes traditionnelles ; ce sont elles que nous devons étudier.

Dans le choix des mesures que l'Administration prendra vis-à-vis de l'Indigène, elle devra s'inspirer de ses coutumes pour partement mais plus sûrement, à les modifier et à les rapprocher davantage de nous.

Le moyen le plus simple d'arriver à ce que nous demandons, c'est de séparer, d'une façon bien nette, le gouvernement des Indigènes de l'administration des Européens ; d'appliquer aux Indigènes une justice plus prompte et une répression plus efficace ; de modifier, notamment, les applications des peines de prison. En un mot, il faut établir en Algérie, côte à côte, sous la même autorité, avec des règles spéciales à chaque groupe, les Français d'une part et les sujets français d'une autre.

III. — Modes actuels de culture des indigènes. — Khammensat. Réglementation nécessaire.

Avant l'introduction de la colonisation en Algérie, les Indigènes, qui ne vivaient que du sol, avaient adopté un genre de culture primitif, mais admirablement adapté au pays, au climat et à leur genre d'existence. Possédant de grands espaces, ils se déplaçaient suivant les saisons, élevaient de nombreux troupeaux sur leurs terres de parcours, et chaque famille ne cultivait que la surface de terre nécessaire pour lui fournir les grains que l'on devait consommer dans l'année. Les chefs faisaient des approvisionnements sur l'ensemble des cultures ; ils étaient destinés à parer aux mauvaises récoltes. Les parcours étaient même modifiés, chaque année, de manière à réaliser de véritables assolements et, malgré la sécheresse, la région du Chéliff nourrissait abondamment la population qui l'habitait.

De tempéraments guerrier et nomade, les habitants se livraient à de fréquentes incursions chez leurs voisins, et, comme les routes n'existaient pas, il leur fallait des chevaux extrêmement résistants ; ils avaient été ainsi amenés à créer, dans notre région, un grand nombre d'excellents chevaux.

A l'heure actuelle, toutes ces conditions sont bien changées ; par suite des achats nombreux et des attributions de terres indigènes à la colonisation, par suite, aussi, de l'augmentation de la population indigène, la proportion de terre par tête de cultivateur s'est trouvée diminuée notablement.

Comme conséquence, le mode de culture primitif des Indigènes, qui donnait de bons résultats avant notre arrivée, est devenu depuis tout à fait insuffisant et, malgré l'augmentation considérable du prix du bétail et des céréales, augmentation qui aurait dû faire la fortune de tous les Indigènes, c'est au contraire la misère qui s'est produite.

Avec son araire primitif, l'Indigène ne peut avoir un produit suffisant qu'à la condition de labourer au moins dix hectares. Comme c'est, en moyenne, la quantité qu'il peut louer ou qu'il possède, il est obligé chaque année de labourer la même terre et n'obtient plus que des résultats dérisoires. Ne faisant aucun approvisionnement et ne prévoyant jamais l'avenir, il ne tarde pas à perdre le peu qu'il possède et à se trouver réduit à l'état de khammès.

Le khammensat est une pratique culturale de tradition chez les Indigènes ; elle est conforme à leurs habitudes. Or elle tend à disparaître par suite de l'application du droit commun. A notre avis, c'est là une faute. Avant de chercher à appliquer, sans discernement, les principes du droit commun aux Indigènes, on aurait dû voir s'il n'était pas plus logique de réglementer leurs coutumes.

L'Administration seule peut intervenir efficacement pour remédier à cet état de choses. Les Indigènes ont toujours été habitués à être gouvernés et c'est ce qui leur manque actuellement. Il faut réglementer la pratique du khammensat, assurer la fixité de la main-d'œuvre indigène en ordonnant les rapports de l'ouvrier agricole avec le fermier.

IV. — Voies de communication de tous genres.

La première des choses à faire pour coloniser un pays, c'est d'y créer des voies de communication. Dès le début de la conquête, l'Etat s'est mis à construire les routes offrant l'accès de toutes les régions où un effort militaire était nécessaire.

Ce réseau stratégique n'a pas toujours répondu aux besoins de la colonisation.

On a construit, depuis, de nombreuses routes, mais elles sont encore insuffisantes et, si nous n'insistons pas davantage, c'est que nous savons combien l'Administration se préoccupe d'en développer le réseau.

Ce qui manque, ce sont les chemins ruraux, soit dans les régions habitées par les Français, soit dans les régions qui contiennent exclusivement des Indigènes. Il est absolument nécessaire de trouver un moyen, à la fois pratique et économique, de créer ces chemins.

Enfin, en ce qui concerne la région même du Chéliff, il est un élément indispensable de prospérité, c'est la voie ferrée d'Orléansville à Ténès avec son prolongement sur les hauts plateaux.

Cette question dépend principalement du Conseil général d'Alger et nous espérons la voir aboutir avant quelques années.

Nous savons que les Services publics désirent nous aider dans cette tâche difficile et nous espérons que le Gouvernement voudra bien faire tous ses efforts pour donner une prompte solution à ces desiderata.

V. — Action administrative facilitant les débouchés. — Tarifs de transports. — Crédit agricole.

Le cultivateur ne peut produire qu'à la condition de trouver à vendre ses produits; car, s'il se contentait de les consommer, il lui manquerait toujours de l'argent pour satisfaire à tous ses besoins matériels et pour augmenter son bien être.

Pour pouvoir vendre ses produits, il faut qu'il trouve des marchés.

Depuis longtemps déjà, une crise sérieuse a atteint tous les marchés de denrées agricoles. Quelles que soient les raisons qui ont provoqué cette crise, l'Administration doit se préoccuper d'y porter remède et nous devons indiquer les points principaux sur lesquels peut s'exercer son action.

Une des causes qui produit la baisse sur un marché, c'est la faiblesse de la consommation locale et aussi le manque de demandes des contrées environnantes; il faut donc chercher des marchés plus éloignés où la consommation est à la fois plus variée et plus grande; il faut enfin chercher des débouchés.

Le cultivateur est alors obligé de faire transporter ses produits ou de les vendre à des intermédiaires qui se chargent de ces transports. Il faut que ces transports soient, en même temps, très rapides et économiques; le chemin de fer seul réalise ces conditions; comme c'est l'Etat qui, en France, contrôle et fixe en définitive les tarifs de transports, on voit combien peut être puissante son intervention sur la situation agricole de la région.

Actuellement, la plaine du Chéliff est desservie par le chemin de fer d'Alger à Oran, dont les tarifs, pour le transport de toutes les denrées agricoles de notre région, sont exagérés, au point que certaines denrées ne peuvent être exportées et restent sur place dans les fermes, faute de pouvoir être transportées. Sous ce rapport, nous sommes beaucoup moins bien dotés que la France et, avec la sécheresse, c'est la difficulté de vendre à un prix rémunérateur qui, souvent, empêche le cultivateur de retirer de sa récolte ce qui lui est nécessaire pour couvrir sa dépense et subvenir à ses besoins.

D'un autre côté, le cultivateur, qu'il soit indigène ou européen, a toujours besoin d'argent, et il se voit obligé de vendre sa récolte dans un délai très court.

Les négociants exploitent cette situation, leur offrent souvent des prix inférieurs à ceux des gros marchés. D'autre part, au'moment des labours, le colon se voit dans la nécessité d'acheter à un très haut prix, surtout quand on lui fait crédit, les semences nécessaires à la nouvelle campagne.

On a souvent proposé de remédier à cette situation par l'organisation du Crédit agricole ; en ce qui concerne les colons français, c'est par la création d'entrepôts et d'établissements spéciaux de crédit que l'on pourrait peut-être arriver à la solution. L'Administration seule a les moyens d'organiser ou de faciliter la création d'établissements de ce genre.

Quant aux Indigènes, c'est par des mesures administratives que l'on pourra espérer leur venir en aide et suppléer à leur insouciance.

On a créé dans ce but des Sociétés de prévoyance dans les communes mixtes, dont le fonctionnement n'est pas encore parfait. Il n'existe rien de semblable dans les communes de plein exercice, et il semble difficile d'organiser quelque chose d'analogue. L'action administrative directe du Gouverneur général est indispensable pour obtenir quoi que ce soit des Indigènes.

CONCLUSIONS.

L'agriculture dans la plaine du Chéliff ne pourra être prospère qu'à la condition de réaliser ces trois conditions : Sécurité, Voies de communication et Eau d'irrigation.

Le Rapporteur,

J. CASANOVA.

DOCUMENTS

RELATIFS

A LA CLIMATOLOGIE DE LA VALLÉE DU CHÉLIFF

Nota. — Les chiffres ci-après représentent le nombre de millimètres de pluie tombée par mois. On remarquera que, certaines observations n'ayant pas été relevées, des blancs ont dû être laissés dans quelques colonnes.

ANNÉES	Septembre	Octobre	Novembre	Décembre	Janvier	Février	Mars	Avril	Mai	Juin	Juillet	Août	TOTAL par année	Moyenne par mois
COMMUNE D'ORLÉANSVILLE														
1877-1878	75.0	53.4	133.0	56.0	53.0	18.0	16.0	40.0	34.3	4.0	0.0	0.0	482.7	40.22
1878-1879	00.0	44.0	74.2	59.7	21.0	31.8	32.6	45.5	14.2	1.0	0.0	0.7	324.7	27.05
1879-1880	5.6	0.8	28.7	70.1	15.9	9.7	74.5	66.8	37.0	0.1	1.0	1.5	311.7	25.97
1880-1881	0.0	6.2	37.8	33.0	85.2	72.4	25.8	63.5	46.3	55.0	0.0	0.0	425.2	35.43
1881-1882	0.0	79.4	3.8	89.0	5.2	32.6	58.5	33.0	12.5	6.6	0.0	0.5	321.1	26.75
1882-1883	29.2	11.1	6.8	42.0	20.4	16.6	30.7	44.2	51.2	5.8	0.0	0.0	258.0	21.50
1883-1884	0.0	12.0	95.2	55.0	38.8	41.6	59.7	33.2	27.3	11.2	2.6	5.4	382.0	31.83
1884 1885	28.0	49.4	54.0	63.4	48.0	15.8	44.3	107.1	0.0	9.9	0.0	2.8	422.7	35.22
1885-1886	6.0	57.0	65.9	0.0	67.8	55.4	34.8	33.8	11.4	0.0	0.8	0.0	332.9	27.74
1886-1887	0.0	120.6	60.0	53.1	24.4	52.2	38.9	84.4	Goultes	2.8				
1887-1888			69.7	48.2	24.4	102.9	57.3	17.2	47.9	8.6	0.0	0.0		
1888-1889	33.8	7.8	41.9	43.2	113.0	33.7	69.2	90.0	87.6	3.4	Goultes			
1889 1890		23.0	63.4	61.0	53.0	97.9	61.5	39.9	35.5	32.9	5.0	Goultes		
1890-1891	25.3	65.2	69.5	151.4	80.1	31.6	41.8	33.7	14.3	11.3	4.0	15.0	543.2	45.26
1891-1892	75.0	389.0	234.7	26.5	81.4	33.4	29.3	30.9	22.5	0.0	0.0	0.0	922.7	76.89
1892 1893	0.5	49.0	36.4	80.1	28.3	27.1	49.6	40.4	30.6	3.5	Goultes	0.8	346.3	28.86
1893-1894	3.1	6.0	54.3	78.7	69.3	40.7	84.9	54.4	11.4	Goultes	Goultes	0.0	402.8	33.56
1894-1895	Goultes	3.1	20.0	31.2	76.7	57.0	29.4	25.3	67·4	9.7	0.0	0.0	319.8	26.65
1895-1896	24.2	19.4	8.2	59.3	25.7	50.4	46.6	4.6	83.1	2.6	Goultes	3.8	327.9	27.32

1858-1859	0.0	22.0	28.0	37.0	63.0	76.8	37.5	12.0	32.5	0.0	0.0	21.0	329.8	27.48
1859-1860	20.0	17.0	7.0	33.0	18.0	71.0	45.0	68.0	0.0	11.0	0.0	2.0	292.0	24.33
1860-1861	2.0	22.5	14.5	54.0	49.0	40.0	19.0	27.0	28.0	5.0	0.0	0.0	261.0	21.75
1861-1862	0.0	8.0	23.0	48.0	47.0	10.0	61.0	37.0	27.0	35.0	0.0	0.0	296.0	24.66
1862-1863	34.0	22.5	115.0	33.0	28.0	126.0	39.0	75.0	19.5	11.0	0.0	0.0	503.0	41.91
1863-1864	22.2	29.0	55.5	33.8	47.5	54.5	54.0	87.0	13.0	10.0	0.0	0.0	406.5	33.87
1864-1865	2.0	83.0	138.0	58.5	122.5	26.0	71.5	165.0	7.0	42.0	0.0	0.0	715.5	59.62
1865-1866	9.0	9.0	29.0	63.0	92.5	10.0	58.0	8.0	30.0	12.0	0.0	0.0	320.5	26.70
1866-1867	25.0	61.5	38.5	3.0	36.5	12.0	59.0	0.0	0.0	0.0	0.0	0.0	235.5	19.62
1867-1868	87.0	13.0	3.0	19.0	102.0	100.5	60.0	33.0	63.0	67.5	8.0	0.0	556.0	46.33
1868-1869	0.0	57.3	76.5	26.5	47.5	84.5	103.0	13.5	18.0	3.5	0.0	20.0	450.3	37.52
1869-1870	0.0	34.0	78.0	111.0	49.0	52.5	69.5	31.5	96.5	14.0	0.0	15.5	551.5	45.95
Moyenne	15.47	29.12	52.92	42.67	58.61	57.36	53.96	42.84	25.73	17.92	0.61	4.5		

COMMUNE DE L'HILLIL

1885-1886	11.7	69.7	52.2	5.2	102.6	77.7	45.9	47.9	39.9	0.0	6.0	5.0	463.8	38.65
1886-1887	29.4	28.5	53.9	12.3	36.9	53.0	20.4	109.5	1.5	4.7	1.0	4.0	355.1	29.59
1887-1888	35.3	23.5	57.8	61.4		106.0		10.5	55.5	2.5	Goutles			
1888-1889		31.7	34.9	38.5	115.0	36.6	78.4	62.9	82.5	1.0	7.0	9.8		
1889-1890	50.4				42.0	65.0	80.8	76.7	31.3	63.5	9.4	1.0		
1890-1891	38.0	42.4	41.5	221.7	128.5	26.3	40.3	61.3	4.6	12.2	2.0	Goutles	618.8	51.56
Moyenne	27.46	32.63	40.05	56.51	70.83	50.76	44.3	61.46	35.88	13.98	4.23	3.3		

ANNÉES	Septembre	Octobre	Novembre	Décembre	Janvier	Février	Mars	Avril	Mai	Juin	Juillet	Août	TOTAL par année	Moyenne par mois
COMMUNE DE SAINT-CYPRIEN-DES-ATTAFS														
1876-1877	0.3	104.9	5.0	98.9	14.3		44.3		6.0	7.0	Gouttes	6.0		
1877-1878	18.6	47.9	107.0	82.1	34.7	23.7	30.1	4.4	9.1	2.4	0.2			
1878-1879	3.4	39.7	34.8	36.7										
1879-1880					13.3	29.0	97.0	84.5	48.3	6.0	0.3	12.1		
1880-1881	0.0	6.4	38.9	12.6	63.0	31.2	26.0	31.3	29.9	24.4	0.3	0.0	264.0	22.00
1881-1882	2.7	109.5	5.5	73.9										
1882-1883														
1883-1884			96.9	80.5	35.1	32.2	77.5	36.0	89.0	14.2	3.6	6.4		
COMMUNE DE RELIZANE														
1863-1864	0.0	17.0	19.0	18.5	38.0	82.0	44.0	38.0	8.5	0.0	0.0	0.0	265.0	22.08
1864-1865	13.0	111.0	182.0	98.0	70.0	32.0	88.0	92.0	0.0	82.0	0.0	0.0	768.0	64.00
1865-1866	0.0	43.0	19.0	64.0	49.0	4.0	62.0	5.0	7.0	8.0	0.0	0.0	261.0	21.75
1866-1867	33.0	17.0	27.0	0.0	53.0	11.5	0.0	0.0	0.0	0.0	0.0	0.0	171.5	14.29
1867-1868	26.5	9.0	8.5	18.0	88.0	39.0	0.0	8.0	94.8	100.5	33.5	0.0	325.8	27.15
1868-1869	70.0	54.0	110.0	23.5	9.0	78.0	129.0	39.0	26.0	0.0	2.0	0.0	540.5	45.04
1869-1870	0.0	22.0	89.0	100.0	92.5	71.0	53.5	31.5	134.0	18.2	0.0	48.0	659.7	54.97
1870-1871	7.0	51.0	80.0	120.0	61.0	6.0	10.0	0.0	17.0	12.0	0.0	0.0	364.0	30.33
Moyenne	18.68	46.75	66.81	55.25	57.56	40.42	48.91	[illegible]	[illegible]	[illegible]	[illegible]			

TABLEAU COMPARATIF

DE LA POPULATION, DU CHEPTEL ET DE LA SUPERFICIE

DES TRIBUS SITUÉES DANS LA VALLÉE DU CHÉLIFF

DÉPARTEMENT D'ORAN

PÉRIODES	TRIBUS	DOUARS	POPULATION	CHARRUES	CHÈVRES	MOUTONS	BŒUFS
1867....	Ouled-el-Abbès	El-Guerouaou..........	6.452	392 75	1.306	15.872	1.8
1897....		Ahl-el-Gorin..........	5.333	302	1.644	8.330	9
		Ouarizan					
1867...	Ouled-bou-Kamel	Ouled-bou-Kamel	3.133	180	4.655	3.074	1.5
1897....		Amarna (fraction).....	3.404	174 25	2.425	2.211	8
		Djedaoua (fraction)					
1867....	Ouled-Ahmed	Kiatba	3.991	471 75		12.860	9
1897....		Ouled-Addi..........	4.265	311 97	1.652	9.437	9
		Bel-Nacel					
1866....	Mekhalia	Aïn-el-Guetar.........	5.027	339 25	»	»	»
1897....		Zgaïer	4.980	265 53	5.852	5.809	1.7
		Tahamda.............					
1867....	Akerma-Cheraga	Hamadena	4.272	441 75	888	7.316	1.0
1897....	(Origine arabe.	Djerara	3.436	286 41	1.425	6.251	5
1868	Chelafa	Chelafa	1.938	152 25	3.728	3.679	1.5
1897....			2.275	155 50	2.367	2.032	6
1869....	M'zila	M'zila...............	1.783	206	1.034	2.600	4
1897....			3.749	356 37	3.381	4.071	1.2
1867....	Méhal	Oued-Djemaa..........	2.679	262	1.833	4.974	9
1897....	(Origine arabe.)	Oued-el-Hamoul	2.870	238 81	1.486	5.218	8
1868	Ouled Maallah	Ouled-Maallah	2.482	176	1 020	5 704	9
1897....	(Origine berbère)		2.628	181 14	1.771	3.994	7
1868....	Ouled-Selama	Ouled-Selama	1.123	»	354	2.514	4
1897....			1.354	86 40	415	2.619	2
1868...	Ouled-Khouïdem	Merdja-el-Gargar	4.493	446 50	4.519	15.369	1.9
1897....		Abd-el-Goui..........	5.841	193 86	2.225	7.967	9
		Touarès.............					
1868....	Ouled-Sidi-Brahim	Ouled-Sidi-Brahim	716	55 50	712	1.530	2
1897....			1.224	678 70	1.113	1.530	3
1868....	Ouled-Sidi-b.-Abdallah.	Taghria	2.377	187 50	148	8.823	7
1897....			2.604	143 88	634	4.160	4
A Reporter...	En 1867.............		40.466	3.311 25	20.197	84.315	12.6
	En 1897.............		43.963	3.288 42	18.886	57.820	8.78

Nota. — Les tribus pour lesquelles les chiffres se rapportant à l'une ou à l'autre périod

MULETS	IMPOT TOTAL	SUPERFICIE	OBSERVATIONS
552	29.163	17.018	4,153 hectares ont été prélevés pour la formation du centre d'Inkermann. Le douar
26	34.840	12.865	Ouarizan est actuellement rattaché, partie, à la commune d'Inkermann et, partie, à la commune mixte de Renault. Ahl-el-Gorin et El-Guerouaou sont rattachés à la commune mixte de Renault.
52	11.950	11.291	Même situation qu'en 1867, en ce qui concerne la superficie. Le douar des Ouled-
07	17.030	11.291	bou-Kamel est rattaché actuellement aux communes ci-après, savoir : la fraction d'Amarna, aux communes de Mostaganem et de Belle-Côte. La fraction de Djedaoua, à Aïn-Tédelès, à Belle-Côte, et le surplus du douar Ouled-bou-Kamel, à Pont-du-Chéliff.
571	19.515	21.966	Même situation qu'en 1867, en ce qui concerne la superficie.
10	31.375	21.966	
»	22.061	21.335	Différence de 1,153 hectares, prélevés pour les besoins de la colonisation. Les douars
14	28.605	20.182	d'Aïn-el-Guetar, Zgaïer et Tahamda, sont actuellement rattachés à la commune mixte de l'Hillil.
35	22.904	13.171	Un prélèvement a été effectué pour les besoins de la colonisation. Les deux douars
00	29.824	12.465	Djerara et Hamadena font actuellement partie de la commune mixte de Renault.
21	9.215	10.790	Même situation qu'en 1868, pour la superficie. Le douar de Chelafa est rattaché actuel-
42	12.397	10.790	lement, partie, à la commune de Bellevue et, partie, à la commune mixte de l'Hillil.
37	19.242	13.651	Différence en moins, 300 hectares réunis à la commune de Bellevue. Le surplus, 13,300,
35	41.525	13.351	fait actuellement partie de la commune mixte de Cassaigne.
303	14.404	9.907	Différence de 1,091 hectares, prélevés pour la formation du centre de Ferry. Les douars
35	26.268	8.816	Oued-Djemaa et Oued-el-Hamoul font actuellement partie de la commune mixte de Zemmora.
35	14.140	8.672	Même situation qu'en 1868, en ce qui concerne la superficie. Le douar des Ouled-
59	22.544	8.672	Maallah fait actuellement partie de la commune mixte de l'Hillil.
62	9.217	3.681	Même situation qu'en 1867, pour la superficie. Ce douar fait actuellement partie de la
40	7.584	3.681	commune mixte de Renault.
87	30.214	25.643	Un prélèvement de 5,409 hectares a été effectué pour la formation des centres de Saint-
10	19.049	20.234	Aimé et Inkermann. Le douar Touarès est actuellement rattaché, partie, à la commune d'Inkermann et, partie, à la commune mixte d'Ammi-Moussa. Abd-el-Goui est rattaché, partie, à la commune d'Inkermann et, partie, à celle de Saint-Aimé. Merdja-el-Gargar à celle d'Inkermann.
26	3.012	2.356	Même situation qu'en 1868. Ce douar fait actuellement partie de la commune mixte de
29	6.610	2.356	l'Hillil.
19	13.524	13.465	Même situation qu'en 1868. Ce douar fait actuellement partie de la commune mixte de
26	15.783	13.465	Renault.
00	218.561	172.946	
19	293.434	160.134	

gurent pas dans le tableau ci-dessus, n'ont pas été comprises dans les totaux.

PÉRIODES	TRIBUS	DOUARS	POPULATION	CHARRUES	CHÈVRES	MOUTONS	BŒUFS
REPORT.... En 1867			40.466	3.311 25	20.197	84.315	12 (
En 1897			43.963	3.288 42	18.886	57.820	8.7
1868	Bou-Rached	Bou-Rached	765	62	746	867	:
1897			3.273	174 17	5.247	2.767	8
1868	Sendjès	Harchoun	7 490	727	11.355	12.467	2.:
1897	(Origine berbère.)	Tsighaout / Guerboussa	8.192	509 14	13.210	13.904	2.1
1867	Ouled-Yahia	Chemela	1.749	»	603	1.543	(
1897			1.630	104 87	1.377	2.041	3
1867	Sbéah-du-Sud	Taflout	5.979	539	2.872	13.869	3.:
1897		Zeboudj-el-Ouost	6.784	185 85	2.617	6.228	1.2
1867	Beni-Rached	Beni-Rached	2.854	250	1.630	4.126	:
1897			4.412	322 47	4.967	6.496	1.2
1867	Ouled-Farès	Ouled-Farès	3.363	»	2.924	10.947	2.:
1897	(Origine arabe.)		5.238	367 97	3.477	10.449	1.6
1866	Medjadja	Medinet-Medjadja	6.003	»	»	»	»
1897	(Arabe et berbère.)		6.910	359 37	7.909	10.506	1.6
1866	Beni-Boukni	Beni-Boukni	1.060	»	1.749	2.449	6
1866	El-Harrar	Harrar-du-Chéliff	1.166	»	2.095	1.797	5
1897	(Beni-Boukni et Harrar réunis.) (Origine berbère.)		2.666	159 37	5.015	3.929	1.0
1867	Ouled-Aïssa	Tharia	2.224	253	1.186	4.491	1.2
1897	(Origine berbère.)		3.363	155 57	1.967	4.139	8
1868	Sbéah-du-Nord	Sobah / Herenfa / Mchaïa / Ouled-Ziad	9.242	1.040	6.640	»	3.5
1897	(Origine berbère.)		12.063	»	»	»	»
1868	Ouled-Khosseïr	El-Adjeraf / Chembel / Oum-el-Drou / Sly / Sidi-el-Aroussi	8.809	734	5.904	16.067	3.5
1897			11.907	»	»	»	»
1867	Attafs	Fodda / Tiberkanine / Zeddin / Rouïna	9.480	1.217	8.832	12.150	1 3
1897	(Origine arabe.)		10.863	»	»	»	»
TOTAUX GÉNÉRAUX.... En 1867			100.650	5.142 25	45.357	136.871	24.8
En 1897			121.614	4.635 62	56.763	107 773	18.2

NOTA. — Les tribus pour lesquelles les chiffres se rapportant à l'une ou à l'autre période

MULETS	IMPOT TOTAL	SUPERFICIE	OBSERVATIONS
00	218.561	172.946	
19	293.434	160.134	
36	7.820	8.603	Même situation qu'en 1868. Le douar Bou-Rached fait actuellement partie de la com-
01	17.728	8.603	mune mixte des Braz.
'1	42.210	30.257	Un prélèvement de 1,445 hectares a été fait pour la formation du centre de Lamartine
25	52.000	28.812	et des fermes de Bougainville. Les douars de Guerboussa, Tsighaout et Harchoun font actuellement partie de la commune mixte du Chéliff.
05	10.027	6.113	Même situation qu'en 1867. Ce douar fait actuellement partie de la commune mixte
)2	9.769	6.113	des Braz.
13	29.970	23.707	Un prélèvement de 2,163 hectares a été fait pour la formation de village de Charon.
17	17.710	21.544	Les douars de Zeboudj-el-Ouost et de Tallout sont rattachés actuellement, partie, à la commune de Charon et, partie, à la commune mixte du Chéliff.
89	19.488	10.383	Même situation qu'en 1867, pour la superficie. Ce douar fait actuellement partie de la
51	27.878	10.383	commune mixte du Chéliff.
28	31.690	17 443	Cette différence de 762 hectares a été prélevée pour la formation du centre de Warnier.
45	35.010	16.681	Le douar Ouled-Farès fait actuellement partie de la commune mixte du Chéliff.
	19.083	18.168	Sans modification, quant à la superficie. Le douar Medinet-Medjadja fait actuellement
16	34.063	18.168	partie de la commune mixte du Chéliff.
79	7.523	4.994	1,452 hectares ont été prélevés sur le douar de Beni-Boukni pour la colonisation, et
84	5.288	4.445	la formation des centres de Rouïna et de Kherba. 1,644 hectares ont été prélevés sur
39	19.937	6.343	le douar d'El-Harrar-du-Chéliff pour la formation des centres de Rouïna et Kherba. Le surplus des douars Beni-Boukni et Harrar-du-Chéliff a été rattaché, partie, à la commune de Rouïna et, partie, à celle de Kherba.
95	13.163	7.663	La différence de 1.039 hectares provient du remaniement de la délimitation des douars
33	18.973	6.624	de Fodda et de Tharia, par arrêté gouvernemental. Le douar Tharia est actuellement rattaché à la commune de Carnot.
91	39.515	41.127	Cette différence de 1,707 hectares a été prélevée par le Service de la colonisation. Les
	»	39.420	douars Mchaïa et Herenfa font actuellement partie de la commune mixte de Ténès. Ceux de Sobah et Ouled-Ziad, de la commune mixte du Chéliff.
14	46.071	34.156	Différence de 341 hectares, prélevés pour les besoins de la colonisation. Le douar El-Adjeraf est actuellement rattaché à la commune d'Orléansville. Les douars Chembel
	»	33.815	et Oum-el-Drou, partie, à Orléansville et, partie, à l'Oued-Fodda. Le douar Sidi-el-Aroussi, partie, à Orléansville et, partie, à la commune mixte du Chéliff. Le douar Sly est rattaché à la commune mixte du Chéliff.
70	37.467	39.888	Divers prélèvements ont été effectués pour la création des centres d'Oued-Fodda, Vauban, Wattignies, Rouïna, Saint-Cyprien-des-Attafs, s'élevant à 15,578 hectares.
	»	24.309	Le douar Zeddin est actuellement rattaché à la commune mixte des Braz. Celui de Tiberkanine, à la commune mixte du Chéliff. Celui de Rouïna, partie, à la commune des Attafs et, partie, à celle de Rouïna. Le douar Fodda est rattaché à la commune d'Oued-Fodda.
30	404.823	419.893	
32	526.502	380.949	

figurent pas dans le tableau ci-dessus, n'ont pas été comprises dans les totaux.

RÉCAPITULATION

POPULATION

Totaux en 1867...... .... 100.650 habitants.
— 1897 .... 121.614 —

En augmentation : 20.964 indigènes.

SUPERFICIE

Totaux en 1867 .... 419.893 hectares.
— 1897 .... 380.949 —

Différence : 38.944 hectares prélevés sur le territoire des tribus.

MOYENNES DE L'IMPÔT PAR TÊTE [1]

Ancienne période (années 1866, 1867, 1868, 1869) = 5 fr. 53.
Année 1897.. .... = 6   09.

TOTAUX DES TRIBUS POUR LESQUELLES LES CHIFFRES DES DEUX PÉRIODES SONT DONNÉS.

	CHEPTEL					
	Charrues	Chèvres	Moutons	Bœufs	Chevaux et mulets	Impôts
Période ancienne...	5.142 25	45.357	136.871	24.852	7.330	404.823
Année 1897.........	4.635 62	56.763	107.773	18.242	3.392	526.502

---

(1) Cette moyenne d'impôt a été calculée en défalquant du chiffre total de la population, celle des trois dernières tribus dont le montant de l'impôt, en 1897, n'a pu être déterminé.

Situation économique des Tribus de la Vallée du Chéliff.

ORIGINE, SITUATION AGRICOLE[1], SUPERFICIE, CHEPTEL, IMPOTS, STATISTIQUE COMPARÉE

Tribu des Ouled El Abbès. — Délimitée par décret du 22 juin 1867 et divisée en trois douars : El-Guerouaou, Ahl-el-Gorin, Ouarizan.

Origine. — Les Ouled Abbès étaient installés dans la vallée du Chéliff, à 65 kilomètres environ à l'Est de Mostaganem et à 50 kilomètres au Sud-Ouest d'Orléansville. Leur territoire était traversé par la route nationale d'Alger à Oran et par le chemin de fer en construction.

Situation agricole. — Les terres de la rive gauche du Chéliff, presque uniquement affectées au parcours des troupeaux, ont une étendue de 3,500 hectares ; elles sont susceptibles de culture et peuvent être arrosées par les eaux de l'oued Riou et de la Djediouïa, lorsque des barrages auront été construits sur ces rivières. Sur la rive droite, se trouvent les terres cultivées qui ont une grande fertilité et comprennent de nombreux jardins irrigués pendant la plus grande partie de l'année par les eaux de l'oued Ouarizan,

SITUATION LORS DE L'APPLICATION DU SÉNATUS-CONSULTE ET ÉTAT ACTUEL

	Population	Charrues	Superficie cultivée	CHEPTEL					
				Chevaux et mulets	Anes	Bœufs	Moutons	Chèvres	Tentes
En 1867	6.452	392 75	»	552	»	1.887	15.872	1.306	1.173
En 1897	5.333	302	»	326	405	943	8.330	1.644	»

IMPÔTS

En 1867 .... 29.163 52

En 1897............................. .... 34.840 »

---

(1) Les renseignements relatifs à la délimitation et à la situation agricole des tribus de la vallée du Chéliff, se rapportent à la période ancienne (années 66 à 69).

RÉPARTITION

	MELKS		Biens communaux	Domaine de l'Etat	Domaine public	Totaux
	proprement dits	Attributions à régulariser				
En 1867 ...	14.865^{h}70^a	297^{h}00^a	65^{h}91^a	1.055^{h}40^a	733^{h}71^{a}22^c	17.018^{h}00
En 1897 ...	»	»	»	»	»	12.865 00

OBSERVATIONS. — 4,153 hectares ont été prélevés pour la formation du centre d'Inkermann. Le douar Ouarizan est actuellement rattaché partie à la commune d'Inkermann et partie à la commune mixte de Renault. Ahl-el-Gorin et El-Guerouaou sont rattachés à cette dernière commune mixte.

Tribu des Ouled Bou Kamel. — Délimitée par décret du 20 novembre 1867 et divisée en un douar-commune : Ouled-Bou-Kamel et deux fractions : Amarna et Djedaoua.

Origine. — La tribu des Ouled Bou Kamel, située au Nord-Est et à 25 kilomètres environ de Mostaganem, borde les deux rives du Chéliff, depuis son embouchure jusqu'à 22 kilomètres en amont. Le territoire était divisé en trois parties, dont une sur la rive droite et deux sur la rive gauche. Le groupe de la rive droite, le plus important, était compris dans le territoire militaire ; ceux de la rive gauche dépendaient du territoire civil et étaient rattachés aux communes de Mostaganem, d'Aïn-Tédélès et de Pélissier.

Délimitation. — La délimitation a nécessité une opération spéciale pour chaque partie et s'est accomplie sans soulever de difficultés. La superficie totale ainsi déterminée a été de 11,291 hectares 25 ares 22 centiares.

Les Ouled Bou Kamel occupaient, avant la création des villages d'Aïn-Tedélès et du Pont-du-Chéliff, une surface de 15.397 hectares. Ils ont donc subi, pour la dotation de ces villages, un prélèvement de 4,106 hectares, soit près du tiers de leur territoire.

Situation agricole. — Les parties Nord et Ouest sont montagneuses et ravinées ; l'accès en est difficile. Cependant le sol, de bonne qualité, se prête particulièrement à la culture du figuier, qui constitue une branche importante d'alimentation et de commerce pour les Indigènes. La partie Sud est moins accidentée ; le terrain, de nature sablonneuse, est peu fertile. Le groupe situé sur la rive droite du Chéliff est peu boisé, mais renferme cependant quelques fourrés où croissent le pin, le thuya et l'olivier sauvage. Il y a quatorze sources. dont quelques-unes très importantes.

SITUATION LORS DE L'APPLICATION DU SÉNATUS-CONSULTE ET ÉTAT ACTUEL

	Population	Chevaux et mulets	Anes	Bœufs	Moutons	Chèvres	Figuiers	Charrues
En 1867.............	3.133	52	424	1.586	3.074	4.655	30.000	180
En 1897.............	3.404	107	199	824	2.211	2.425	»	174 25

IMPÔTS

En 1867............................ 11.950 06

En 1897............................ 17.030 »

RÉPARTITION

	PROPRIÉTÉ PRIVÉE		BIENS COMMUNAUX		Domaine public	Totaux
	Melks	Attributions à régulariser	Cimetières	Mechtas		
En 1867...........	10.970^h	»	5^{h}70^a	45^h	96^h	11.291·00
En 1897...........	»	»	»	»	»	11.291·00

OBSERVATIONS. — Même situation qu'en 1867 en ce qui concerne la superficie. Le douar des Ouled Bou Kamel est rattaché actuellement aux communes ci-après, savoir : la fraction d'Armana à la commune de Mostaganem et de Belle-Côte ; la fraction de Djedaouda à Aïn-Tédelès, à Belle-Côte, et le surplus du douar Ouled Bou Kamel à Pont-du-Chéliff.

Tribu des Ouled Ahmed. — Délimitée par décret du 21 décembre 1867 et répartie entre les trois douars : Kiaïba, Ouled-Addi, Bel-Nacel.

Origine et historique. — L'historique des Ouled Ahmed se confond avec celui de la tribu des Akerma Cheraga, délimitée par décret du 23 novembre 1867, et dont ils firent partie intégrante jusqu'en 1858. Ils en furent alors détachés pour former un commandement distinct. Leur position, au confluent de la Mina et du Chéliff, les avait fait comprendre dans le Maghzen, sous la domination turque. Cette circonstance avait déterminé l'inscription de leurs terres au sommier de consistance du Domaine, d'où la décision impériale du 9 décembre 1865 les fit disparaître.

Délimitation. — Les Ouled Ahmed se divisaient en quatre fractions, auxquelles il convient d'ajouter la smala du Khalifa Si El Aribi, qu'une décision du Gouverneur général fit passer, avec les 1,639 hectares qu'elle occupait, des Sahali aux Ouled Ahmed. Ce furent ces éléments qui formèrent les douars de Kiaïba, Ouled Addi, Bel-Nacel.

Situation agricole. — Le territoire des Ouled Ahmed est de qualité médiocre et ne donne des récoltes satisfaisantes que dans les années pluvieuses, malgré sa situation favorable à la jonction de deux grands cours d'eau.

SITUATION LORS DE L'APPLICATION DU SÉNATUS-CONSULTE ET ÉTAT ACTUEL

	Population	Charrues	Chevaux et mulets	Anes	Chameaux	Bœufs	Moutons	Chèvres
En 1867..............	3.991	471 75	671	927	24	967	12.860	»
En 1897..............	1.265	311 97	210	523	»	985	9.437	1.652

IMPÔTS

En 1867.............................	19.515 44
En 1897........	31.374 75

RÉPARTITION

	Melks	En litige	Terrains collectifs de culture	Domaniaux	Communaux	Domaine public	Totaux
En 1867......	3.817h 05a 68c	9h 19a 90c	10 335h 18a	1.879h 92a 30c	5.484h 23a 42c	439h 71a 55c	21.966h 00
En 1897......	»	»	»	»	»	»	21 966h 00

OBSERVATIONS. — Même situation en 1897 en ce qui concerne la superficie.

Tribu des Mekhalia. — Délimitée par décret du 5 décembre 1866 et divisée en trois douars : Aïn-el-Guetar, Zgaïer, Tahamda.

Origine. — Les Mekhalia, ancienne tribu maghzen des Turcs, à

— 131 —

environ 55 kilomètres sud-est de Mostaganem touchent, par leur partie sud, aux territoires des centres européens de l'Hillil et de Relizane ; la Mina traverse plusieurs de leurs fractions et le confluent de cette rivière avec le Chéliff est un des points Nord du périmètre de la tribu.

Délimitation. — La délimitation a soulevé quelques difficultés, de peu d'importance, avec les tribus limitrophes des Ouled Sidi-Abdallah, Ouled Sidi-Brahim, Ouled Ahmed et Sahari. Ces contestations, qui portaient sur des terres ayant le caractère arch, ont été réglées par le Général commandant la province.

Situation agricole. — Le sol de la tribu des Mekhalia est également fertile ; la tribu possède un grand nombre de jardins et de vergers de figuiers ; la culture des céréales et la production du miel sont ses principales ressources.

SITUATION LORS DE L'APPLICATION DU SÉNATUS-CONSULTE ET ÉTAT ACTUEL

	Population	Tentes	Charrues	Chevaux et mulets	Anes	Bœufs	Moutons	Chèvres
En 1866................	5.027	1.147	339 25	»	»	»	»	»
En 1897................	4.980	»	265 53	214	359	1.707	5.809	5.852

IMPÔTS

En 1867............................... 22.061 02
En 1897............... .... 28.605 83

RÉPARTITION

	MELKS		En litige	Terrains collectifs de culture	Communaux	Domaniaux	Domaine public	Total
	Melks reconnus	Attributions à régulariser						
En 1866.	7.389h 27a 73c	634h 02a 10c	1.019h 33	9 792h 41a 35c	1.366h 91a 10c	940h 19a	223h 26a 70c	21.335h 30
En 1897.	»	»	»	»	»	»	»	20.182h 00

OBSERVATIONS. — Différence : 1,153 hectares prélevés pour les besoins de la colonisation. Les douars d'Aïn-El-Guetar, Zgaïer et Tahamda sont actuellement rattachés à la commune mixte de l'Hillil.

Tribu des Akerma-Cheraga. — Délimitée par décret du 23 novembre 1867 et constituée en deux douars : Hamadena, Djerara.

Origine et historique. — Les Akerma-Cheraga sont d'origine arabe. Sous la domination turque, les Akerma-Cheraga remplissaient le rôle de maghzen. En 1840, ils gagnèrent le territoire de Tiaret et ne revinrent qu'en 1842 pour faire leur soumission. Entraînés dans la grande insurrection de 1845, ils émigrèrent de nouveau, mais, promptement ramenés, ils sont restés fidèles depuis cette époque.

Délimitation. — La tribu des Akerma-Cheraga, située sur la rive gauche du Chéliff, entre Mostaganem et Relizane, est bornée par des tribus, pour la plupart délimitées.

Situation agricole. — Le sol est de qualité médiocre et ne donne des récoltes satisfaisantes que dans les années pluvieuses.

SITUATION LORS DE L'APPLICATION DU SÉNATUS-CONSULTE ET ÉTAT ACTUEL

	Population	Charrues	Chevaux et Mulets	Anes	Chameaux	Bœufs	Moutons	Chèvres
En 1867..............	4.272 141 75	535	1.016	6	1.070	7.316	888
En 1897..............	3.436 286 41	100	508	»	510	6.251	1.425

IMPÔTS

En 1867......................... 22.903 94
En 1897......................... 29.824 »

RÉPARTITION

	Melks	Terrains collectifs de culture	Communaux	Domaine public	Totaux
En 1867................	2.651^{h}28^a	8.709^{h}73^a	1.601^{h}24^a	208^{h}53^a	13.170^{h}78^a
En 1897................	»	»	»	»	12.465 00

OBSERVATIONS. — Un prélèvement a été effectué pour les besoins de la colonisation. Les deux douars de Djerara et d'Hamedana font actuellement partie de la commune mixte de Renault.

Tribu des Chelafa. — Délimitée par décret du 20 mai 1868 et comprenant un douar : Chelafa.

Origine et historique. — Les Chelafa formaient, à 35 kilomètres à l'Est de Mostaganem, une agglomération de fractions, arabes de race, mais sans communauté d'origine, qui ont successivement appartenu à divers commandements et ne constituent une tribu distincte que depuis 1852.

Délimitation. — Leur territoire, situé partie dans la zone civile, partie dans la zone militaire, est borné au Nord par l'annexe de Souk-el-Mitou, les Ouled Bou Kamel et les Mzila ; à l'Est, par les Ouled Sidi Brahim et les Mekhalia ; au Sud, par les Ghoufirat et les Ouled Sidi Abdallah ; à l'Ouest, par les Ghoufirat et la commune d'Aïn-Tédelès.

Situation agricole. - Le territoire, d'une grande fertilité, est traversé par le Chéliff et son affluent de gauche, l'oued El-Kebir, dont les eaux sont utilisées pour les irrigations : il renferme des plantations de figuiers bien entretenues, et son voisinage des centres européens d'Aïn-Tédelès et de Souk-el-Mitou assure aux cultivateurs indigènes un écoulement facile de leurs produits. Le sol est possédé à titre melk : la tribu ne renferme ni terrains collectifs de culture, ni terres de parcours.

SITUATION LORS DE L'APPLICATION DU SÉNATUS-CONSULTE ET ÉTAT ACTUEL

	Population	Tentes	Chevaux et mulets	Moutons	Chèvres	Anes	Bœufs	Charrues
En 1868..............	1.938	461	121	3.679	3.728	272	1.551	152 25
En 1897..............	2.275	»	142	2.032	2.367	118	664	155 50

OBSERVATIONS. — La population ci-dessus indiquée est celle de la fraction de douar rattachée à la commune mixte de l'Hillil.

IMPÔTS

En 1868......................... ... .. 9.215 29
En 1897.. .... 12.397 23

RÉPARTITION

	Melks	Communaux	Domaniaux	Domaine public	Totaux
En 1868......................	10.308^{h}04	20^{h}60	324^{h}01	137^h	10.790^{h}00
En 1897...................	»	»	»	»	10.790^{h}00

OBSERVATIONS. — Même situation qu'en 1868. Le douar de Chelafa est rattaché actuellement partie à la commune de Bellevue et partie à la commune mixte de l'Hillil.

Tribu des M'Zila. — Délimitée par décret du 10 avril 1869 et constituée en un douar : M'zila.

Origine. — Les M'zila étaient une des quatre tribus composant la confédération des Beni Zeroual. Ils occupaient, sur la rive droite du Chéliff, dans la partie Sud-Ouest du Dahra, un territoire montagneux. On y compte sept puits, trente-six sources et plusieurs cours d'eau, dont les trois principaux sont des affluents du Chéliff.

Délimitation. — La tribu est bornée : au Nord, par les Ouled Khelouf et les Tazgaït; à l'Est, par les Ouled Maallah et les Akerma-Cheraga ; au Sud, par les Mekhalia, les Ouled Sidi-Brahim et les Chelafa ; à l'Ouest, par les Ouled Bou Kamel et les Djebala.

Situation agricole. — Le territoire montagneux des M'zila est propre à la culture des céréales. Les Indigènes ont créé de vastes et beaux jardins, dont les produits donnent lieu à un commerce assez important.

SITUATION LORS DE L'APPLICATION DU SÉNATUS-CONSULTE ET ÉTAT ACTUEL

	Population	Charrues	Chevaux et Mulets	Anes	Bœufs	Moutons	Chèvres
En 1869......................	1.783	206	37	76	454	2.600	1.034
En 1897......................	3.749	356 37	135	277	1.205	4.071	3.381

IMPÔTS

En 1869............................. 19.244 91
En 1897............................. 41.525 »

RÉPARTITION

	Melks	Communaux	Domaine public	Totaux
En 1869.................	13.333ʰ09ᵃ20ᶜ	70ʰ 36ᵃ 76ᶜ	247ʰ 28ᵃ 24ᶜ	13.651ʰ 00
En 1897.................	»	»	»	13.351ʰ 00

OBSERVATIONS. — Différence en moins de 300 hectares réunis à la commune de Bellevue. Le surplus, 13,300 hectares, fait actuellement partie de la commune mixte de Cassaigne.

Tribu des Méhal. — Délimitée par décret du 10 avril 1867 et divisée en deux douars : Oued-Djemaa et Oued-El-Hamoul.

Origine et historique. — La tribu des Méhal comprenait quatre fractions principales : lés Méhal proprement dits, les Khouaouna et les Ouled Ahmed ben Soultan, d'origine arabe, descendants des conquérants que l'invasion du XI⁰ siècle avait implantés dans le pays, et enfin la zaouïa de Sidi ben Chaâ, composée de marabouts, arrivés plus tard de l'Ouest, et dont les trois autres fractions, ainsi que les Beni Berghoun, étaient devenus les serviteurs religieux.

Délimitation. — Le territoire des Méhal est contigu : à l'Ouest, à celui du centre de Relizane ; au Nord, aux Ouled Ahmed et Akerma-Cheraga ; à l'Est, aux Ouled Khouidem et Amamra ; au Sud, aux Beni Dergoun Arartha et Ouled Souid. Il est partagé par les Beni Dergoun en deux zones distantes de 1 à 2 kilomètres l'une de l'autre et dont la plus importante, celle de l'Ouest, est traversée par la voie ferrée d'Alger à Oran ; diverses routes importantes, telles que celles de Mascara et Relizane à Alger, de Mostaganem à Tiaret, passent également sur ce territoire. Le périmètre, fixé par 86 bornes pour la première zone, par 40 pour la deuxième, embrasse une superficie de 9.906 hectares 90 ares.

Situation agricole. — Les terres collectives de culture s'étendent sur 7,113 hectares, qui forment trois groupes principaux et trois enclaves dans des groupes melks et dans un terrain communal.

Ces enclaves, d'une étendue de 7 hectares 60 centiares, sont en nature de jardins.

SITUATION LORS DE L'APPLICATION DU SÉNATUS-CONSULTE ET ÉTAT ACTUEL

	Population	Tentes	Charrues	Chevaux et mulets	Anes	Bœufs	Moutons	Chèvres
En 1867..............	2.679	620	262　　»	303	594	953	4.974	1.833
En 1897..............	2.870	»	238 81	135	437	831	5.218	1.486

IMPÔTS

En 1867 .... 14.403 70

En 1897 .... 26.268 43

RÉPARTITION

	MELKS		Terrains collectifs de culture	BIENS COMMUNAUX		Domaine public	Totaux
	Melks proprement dits	Attributions à régulariser		Parcours	Cimetières et Metchas		
En 1867......	1.237^{h}73^a	881^h	7.113^{h}73^a	505^{h}79^a	52^{h}37^a	116^{h}08	9.907^h 00
En 1897......	»	»	»	»	»	»	8.816^h 00

OBSERVATIONS. — Différence : 1,091 hectares prélevés pour la formation du centre de Ferry. Les douars d'Oued-Djemaa et d'Oued-El-Hamoul font actuellement partie de la commune mixte de Zemmorah.

Tribu des Ouled Maallah. — Délimitée par décret du 12 octobre 1868 et constituée en un douar : Ouled-Maallah.

Origine et historique. — Les Ouled Maallah formaient, avec trois autres fractions, la grande tribu des Beni Zeroual. d'origine berbère, venue du Maroc, et fixée dans la vallée du Chéliff depuis le milieu du XVe siècle. Constamment en guerre contre les Turcs. ils furent à plusieurs reprises sévèrement châtiés et, finalement. obligés d'entrer en composition. Depuis l'occupation française, ils se rallièrent à Abd-el-Kader, puis à Bou Maza, et ne firent qu'en 1847 leur soumission définitive.

— 137 —

Délimitation. — Ce territoire est situé sur la rive droite du Chéliff et à environ 60 kilomètres au Sud-Est de Mostaganem. Il est borné : au Nord, par les Tagzaït et les Beni Zenthis ; à l'Est, par les Ouled Sidi bou Abdallah ; au Sud, par le Chéliff, qui le sépare de cette dernière tribu et des Ouled Ahmed ; à l'Ouest, par les M'zila.

Situation agricole. — Le territoire des Ouled Maallah s'étend de la rive droite du Chéliff, au Sud, jusqu'aux premières crêtes des montagnes du Dahra, au Nord. Il se compose de deux parties : la plaine, fertile et bien cultivée, et la montagne, accidentée, couverte, sur les deux tiers de sa superficie, par de maigres broussailles et ne présentant des défrichements que dans le fonds de quelques vallées ou ravins. C'est là que se trouvaient les jardins de la tribu, principalement sur les bords de l'oued Rahgaz, qui se jette dans le Chéliff après avoir traversé la tribu du Nord au Sud.

SITUATION LORS DE L'APPLICATION DU SÉNATUS-CONSULTE ET ÉTAT ACTUEL

	Population	Charrues	Chevaux et Mulets	Ancs	Bœufs	Chèvres	Moutons
En 1868	2.482	176	35	67	919	1.020	5 704
En 1897	2.628	181 14	59	203	760	1.771	3.994

IMPÔTS

En 1868	14.139 55
En 1897	22.543 70

RÉPARTITION

	Melks	Communaux	Domaniaux	Domaine public	Totaux
En 1868	8.304h 29a 50c	55h 62a	3h 15a 10c	308h 93a 40c	8.672h 00
En 1897	»	»	»	»	8.672h 00

OBSERVATIONS. — Même situation qu'en 1868, en ce qui concerne la superficie. Le douar des Ouled Maallah fait actuellement partie de la commune mixte de l'Hillil.

Tribu des Ouled Selama. — Délimitée par décret du 23 novembre 1867 et constituée en un douar : Ouled-Selama.

Origine. — La tribu des Ouled Selama est située à 20 lieues environ à l'Est de Mostaganem. Le sol était détenu à titre melk. Il ne renfermait ni terrains collectifs de culture, ni terres communales de parcours.

Délimitation. — La délimitation et le bornage n'ont donné lieu à aucune contestation. Le superficie reconnue a été de 5,680 hectares 95 ares.

Situation agricole. — Le tiers environ du territoire des Ouled Selama est propre à la culture des céréales.

Le reste est en friches et forme de très médiocres pâturages. Quelques jardins de figuiers avoisinent les habitations.

SITUATION LORS DE L'APPLICATION DU SÉNATUS-CONSULTE ET ÉTAT ACTUEL

	Population	Chevaux et mulets	Anes	Bœufs	Chèvres	Moutons	Charrues
En 1867.....................	1.123	62	137	411	354	2.514	»
En 1897.....................	1.354	40	»	265	415	2.619	86 40

IMPÔTS

En 1867........................... .... 9.217 10
En 1897 .... 7.584 »

RÉPARTITION

	Melks	Communaux	Domaine public	Total
En 1867.....................	3.645^{h}31^{a}76^c	4^{h}24^{a}14^c	31^{h}39^{a}10^c	3.681^h 00
En 1897.....................	»	»	»	3.681^h 00

OBSERVATIONS. — Même situation qu'en 1867. Ce douar fait actuellement partie de la commune mixte de Renault.

Tribu des Ouled Kouïdem. — Délimitée par décret du 9 novembre 1867 et constituée en trois douars : Merdja-el-Gargar, Abd-el-Gouï, Touarès.

Origine. — Les Ouled Khouïdem sont formés de six fractions principales, depuis longtemps installées dans le pays et disséminées en mechtas, sans distinction d'origine.

Situation agricole. — Le territoire, traversé dans sa plus grande largeur par la route et par la voie ferrée d'Alger à Oran, est fertile et susceptible d'être arrosé par les importants cours d'eau qui le parcourent.

SITUATION LORS DE L'APPLICATION DU SÉNATUS-CONSULTE ET ÉTAT ACTUEL

	Population	Tentes	Chevaux et mulets	Anes	Bœufs	Moutons	Chèvres	Charrues	
En 1867.................	4.493	1.300	287	994	1.900	15.369	4.519	446	50
En 1897.................	5.841	»	110	143	999	7.967	2.225	193	86

IMPÔTS

En 1867............................ 30.214 24
En 1897............................ 19.049 55

RÉPARTITION

	Melks	Terrains collectifs de culture	Communaux	Domaniaux	En litige	Domaine public	Totaux
En 1867...	22.381ʰ21ᵃ34	375ᵇ	141ʰ44ᵃ74ᶜ	643ʰ9J	1.626ʰ19ᵃ45ᶜ	475ʰ29ᵃ90ᶜ	25.643ʰ00
En 1897...	»	»	»	»	»	»	20.234ʰ00

OBSERVATIONS. — Un prélèvement de 5,409 hectares a été opéré pour la formation des centres de St-Aimé et Inkermann. Le douar de Touarès est actuellement rattaché, partie à la commune d'Inkermann et partie à la commune d'Ammi-Moussa. Le douar Abd-El-Goui est rattaché partie à la commune d'Inkermann et partie à celle de St-Aimé. Le douar Merdja-El-Gargar à celle d'Inkermann.

Tribu des Ouled Sidi-Brahim. — Délimitée par décret du 12 novembre 1868 et constituée en un douar : Ouled-Sidi-Brahim.

Origine et historique. — Les Ouled Sidi-Brahim sont d'origine berbère ; soumis et convertis à l'Islamisme vers la fin du VII° siècle, ils profitèrent de l'anarchie, qui régnait au XI° siècle dans les États musulmans pour se rendre indépendants. Vers 1552, les Turcs les rangèrent définitivement sous leur domination. Ils suivirent le parti d'Abd-el-Kader, de 1833 à 1842, se soulevèrent de nouveau en 1845, avec Bou Maza, et entrèrent enfin dans le devoir en 1847. En 1852, un remaniement administratif avait dissout la confédération des Béni Zeroual, dont faisaient partie les Ouled Sidi-Brahim et ils ont été rattachés à l'aghalik de la Mina et du Chéliff.

Délimitation. — La tribu des Ouled Sidi-Brahim est située à 32 kilomètres au Sud-Est de Mostaganem, sur le Chéliff, qui traverse son territoire de l'Est à l'Ouest.

Situation agricole. — Le pays est montagneux et en partie formé par les contre-forts du Dahra : les terres, bien que de bonne qualité, ne donnent de belles récoltes que dans les années pluvieuses.

Parmi les sources, en petit nombre, deux sont thermales, à la température de 46°, mais sans importance au point de vue médical.

SITUATION LORS DE L'APPLICATION DU SÉNATUS-CONSULTE ET ÉTAT ACTUEL.

	Population	Tentes	Charrues	Chevaux et Mulets	Anes	Bœufs	Moutons	Chèvres
En 1868...............	716	173	55 50	26	71	231	1.530	712
En 1897...............	1.224	»	678 70	29	92	317	1.530	1.113

IMPÔTS

En 1868................................... 3.012 87

En 1897............. .... 6.610 »

RÉPARTITION

	Melks	Communaux	Domaniaux	Domaine public	Totaux
En 1868......	1.898ʰ 31ᵃ	11ʰ 40ᵃ	263ʰ 70	182ʰ 79ᵃ	2.356ʰ 00
En 1897......	»	»	»	»	2.356ʰ 00

OBSERVATIONS. — Même situation qu'en 1868. Ce douar fait actuellement partie de la commune mixte de l'Hillil.

Tribu des Ouled Sidi-Bou-Abdallah. — Délimitée par décret du 30 mai 1868 et constituée en un douar : Taghria.

Origine. — Les Ouled Sidi-Bou-Abdallah, descendants d'un marabout de ce nom. avaient, à l'abri de leur caractère religieux, vécu en paix sous la protection du gouvernement Turc. Après la chute des beys, ils étaient restés indépendants pendant quelques années. Ils se soumirent une première fois en 1842, et, définitivement, en 1846.

Délimitation. — Cette tribu s'étend sur les deux rives du Chéliff, qui la traverse de l'Est à d'Ouest.

Situation agricole. Les terres appartenaient, en majeure partie, à quelques grandes familles de marabouts, mais le mode de détention différait d'une fraction à l'autre : chez les unes, l'immeuble formait l'apanage du chef de famille et était indivisément cultivé par les membres de la fraction; chez les autres, la terre de culture était divisée et délimitée avec un soin parfait, et chacun avait le droit de vendre son lot ou de le transmettre à ses héritiers. Les parties incultes étaient possédées en commun par chaque famille et servaient au parcours des troupeaux de la fraction.

Les terres sont très fortes et exigent beaucoup d'eau pour donner de bonnes récoltes.

SITUATION LORS DE L'APPLICATION DU SÉNATUS-CONSULTE ET ÉTAT ACTUEL

	Population	Charrues	Chevaux et mulets	Anes	Chameaux	Bœufs	Moutons	Chèvres
En 1868...............	2.377	187 50	319	370	40	710	8.823	148
En 1897...............	2.604	143 88	126	167	»	476	4.160	634

IMPÔTS

En 1868 . . . .   13.524 29
En 1897. . . . .   15.783   »

RÉPARTITION

	Melks	En litige	Communaux	Domaine public	Superficie totale
En 1868	11.423'13ᵃ	1.496ᵇ	23'15ᵃ60ᶜ	522'15ᵃ	13.465'00
En 1898	»	»	»	»	13.465ʰ00

OBSERVATIONS. — Même situation qu'en 1863. Ce douar fait actuellement partie de la commune mixte de Renault.

Tribu des Bou Rached. — Délimitée par décret du 27 novembre 1868 et constituée en un douar : Bou-Rached.

Origine et historique. — Les Bou Rached faisaient anciennement partie de la confédération des Beni Zoug Zoug, longtemps hostile à notre domination et dont la soumission définitive date de 1845.

Délimitation. — Le territoire, situé à environ 40 kilomètres au Sud-Ouest de Miliana, entre le Chéliff et l'oued Rouïna, est borné : au Nord, par les douars d'El-Harrar et l'oued Zehar ; à l'Est, par les Ouzagha ; au Sud, par les Ouled Cheikh ; à l'Ouest, par les douars Zeddine et Rouïna.

Situation agricole. — Le pays, généralement plat et ouvert, se relève cependant, vers le Nord-Est, par une série de hauteurs boisées qui vont se rattacher au massif montagneux de Doui, chez les Abid et les Feraïha ; il est sillonné de quelques ravins presque toujours à sec, mais il renferme un certain nombre de sources, dont quelques-unes, très abondantes, donnent de l'eau de bonne qualité, principalement à proximité de la zone montagneuse et boisée. La route d'Alger à Oran traverse la tribu au Nord, et un grand chemin de communication carrossable la parcourt du Nord au Sud.

SITUATION LORS DE L'APPLICATION DU SÉNATUS-CONSULTE ET ÉTAT ACTUEL

	Population	Charrues	Jardins	Chevaux et mulets	Anes	Bœufs	Moutons	Chèvres
En 1868..............	765	62	97	36	64	227	867	746
En 1897..............	3.273	174 17	»	101	420	882	3.767	5.247

IMPÔTS

En 1868...... .... 7.819 80
En 1897............. .. . . 17.727 23

RÉPARTITION

	Melks	Communaux	Domaniaux	Domaine public	Totaux
En 1868.......	7.861ʰ60ᵃ50ᶜ	6ʰ81ᵃ50ᶜ	692ᵃ92ᵃ	42ʰ06ᵃ25ᶜ	8.603ʰ 00
En 1897.......	»	»	»	»	8.603ʰ 00

OBSERVATIONS. — Même situation qu'en 1868. Le douar de Bou Rached fait actuellement partie de la commune mixte des Braz.

Tribu des Sendjès. — Délimitée par décret du 30 septembre 1868 et divisée en trois douars : Harchoun, Tsighaout, Guerboussa.

Origine et historique. — La tribu des Sendjès, d'origine berbère, est un des rameaux des Maghaoua fixés, depuis les temps les plus reculés, dans la vallée du Chéliff.

Ils ont joué un rôle important jusqu'au XVIᵉ siècle, où cette agglomération fut détruite par les Turcs.

Dès l'arrivée des Français à Orléansville, les Sendjès se soumirent et, depuis, ils sont restés constamment fidèles.

Cette tribu était divisée en deux kaïdats : les Cheraga et les Gharaba ; chacun de ces commandements comprenait plusieurs fractions.

Délimitation. — Le territoire, situé sur la rive gauche et à une certaine distance du Chéliff, est borné : au Nord, par les Ouled

Kosseïr ; à l'Est, par les Attafs, les Chouchoua et les Beni Ouazan ; au Sud, par les Beni Ouazan et les Adjama ; à l'Ouest, par les Ouled Kosseïr.

Situation agricole. — Les Sendjès Cheraga occupent les parties fertiles de l'Est et du Nord-Est où ils se livrent presque exclusivement à la culture ; les Gharaba habitent la région tourmentée et difficile de l'Ouest et du Sud, dans laquelle ils s'adonnent à l'élevage du bétail sur une grande échelle.

SITUATION LORS DE L'APPLICATION DU SÉNATUS-CONSULTE ET ÉTAT ACTUEL

	Population	Charrues	Surface cultivée	Chevaux et mulets	Anes	Bœufs	Moutons	Chèvres	Ruches
En 1868..........	7.490	727	189	901	1.305	2.368	12.467	11.355	581
En 1897..........	8.192	509 11	»	325	1.050	2.147	13.901	13.210	»

IMPÔTS

En 1868.............................. 42.209 66
En 1897.............................. 52.000 42

RÉPARTITION

	Terrains melks	Concessions	Domaniaux	Communaux	Domaine public	Totaux
En 1868.	29.077ʰ57ᵃ47ᶜ	119ʰ09ᵃ90ᶜ	330ʰ48ᵃ12ᶜ	41ʰ76ᵃ47ᶜ	688ʰ25ᵃ04ᶜ	30.257ʰ00
En 1897.	»	»	»	»	»	28.812ʰ00

OBSERVATIONS. — Un prélèvement de 1.145 hectares a été effectué pour la formation du centre de Lamartine et des fermes de Bougainville. Les douars de Guerboussa, de Tsighaout et d'Harchoun font actuellement partie de la commune mixte du Chéliff.

Tribu des Ouled Yahia. — Délimitée par décret du 1ᵉʳ mai 1867 et constituée en un douar des : Chemela.

Origine et historique. — Les Ouled Yahia faisaient partie de la tribu des Braz, qui a été divisée en plusieurs fractions depuis l'occupation française.

— 145 —

Leur territoire est situé sur la rive droite du Chéliff, à 40 kilomètres environ à l'ouest de Miliana ; il est traversé par la ligne ferrée d'Alger à Oran.

Délimitation. — La délimitation n'avait présenté aucune difficulté.

Situation agricole. — Le territoire de la tribu des Ouled Yahia est presque uniquement composé de plaines dont une partie peut être irriguée par les eaux de deux rivières, affluents du Chéliff.

SITUATION LORS DE L'APPLICATION DU SÉNATUS-CONSULTE ET ÉTAT ACTUEL

	Population	Maisons	Gourbis	Chevaux	Anes	Bœufs	Moutons	Chèvres	Charrues
En 1867..........	1.749	12	312	205	200	608	1.543	603	»
En 1897..........	1.630	»	»	102	222	339	2.041	1.377	104 87

IMPÔTS

En 1867............................. 10.027 »
En 1897. .... 9.768 62

RÉPARTITION

	Melks	Communaux	Domaine public	Totaux
En 1867.................	5.947ʰ44ᵃ16ᶜ	14ʰ49ᵃ04ᶜ	151ʰ48ᵃ77ᶜ	6.113ʰ 00
En 1897.............	»	»	»	6.113ʰ 00

OBSERVATIONS. — Même situation qu'en 1867. Ce douar fait actuellement partie de la commune mixte des Braz.

Tribu des Sbéah du Sud. — Délimitée par décret du 26 juin 1867 et divisée en deux douars : Taflout et Zeboudj-el-Ouest.

Origine et historique. — Les Sbéah du Sud étaient situés sur la rive gauche du Chéliff, à 25 kilomètres, environ, au sud-ouest d'Orléansville. Ils sont issus de la tribu des Sbéah qui occupait vis-à-vis d'eux, au nord, sur la rive droite de la même rivière, un vaste territoire. Toutes deux se rattachaient à la grande famille Hillalienne qui envahit l'Afrique septentrionale au XIe siècle de notre ère.

Situation agricole. — La route nationale d'Alger à Oran et le chemin de fer traversent la tribu, dans toute son étendue, parallèlement au fleuve. Le sol présente deux zones bien différentes : 1° au nord, entre le Chéliff et la route précitée, une plaine fertile et bien cultivée ; 2° au sud, une région dite Es-Sofah, accidentée, rocheuse et dénudée, cultivable seulement dans le fond de quelques vallées étroites, mais produisant cependant une herbe fine et aromatique, excellente pour le bétail. Dans ces deux zones, l'eau fait presque complétement défaut et les Indigènes sont obligés d'aller, pendant la plus grande partie de l'année. puiser au Chéliff l'eau dont ils ont besoin.

SITUATION LORS DE L'APPLICATION DU SÉNATUS-CONSULTE ET ÉTAT ACTUEL

	Population	Charrues	Chevaux et mulets	Bœufs	Moutons	Chèvres	Ruches	Tentes ou gourbis	Anes
En 1867....	5.979	539 »	1 813	3.118	13.869	2.872	615	1.589	»
En 1897..........	6.784	185 85	117	1.296	6.228	2.617	»	»	347

IMPÔTS

En 1867...... .... 29.969 81
En 1897........................... 17.709 54

RÉPARTITION

	Melks	Domaniaux	Communaux	Domaine public	Totaux
En 1867.......	22.504h78a05c	477h62a50c	12h19a95a	712h02a25c	23.706h62a75c
En 1897.......	»	»	»	»	21.544h00a00c

OBSERVATIONS, — Un prélèvement de 2, 163 hectares a été fait pour la formation du village de Charon. Les douars de Zeboudj-El-Ouost et Taflout sont rattachés actuellement, partie à la commune de Charon et partie à la commune mixte du Chéliff.

Tribu des Beni-Rached. — Délimitée par décret du 17 juillet 1867 et constituée en un douar : Beni-Rached.

Origine et historique. — Le territoire des Beni Rached est situé sur la rive droite du Chéliff, à 26 kilomètres au nord-est d'Orléansville. Le sol était détenu à titre melk ; la propriété privée embrassait une superficie de 9,499 hectares.

Délimitation. — La délimitation de la tribu des Beni Rached lui a donné une superficie de 10,383 hectares 400 ares 35 centiares.

Situation agricole. — Le territoire de la tribu est fertile, remarquable par la quantité et la qualité de ses sources, et particulièrement propre à la culture de la vigne et des arbres fruitiers. Les indigènes ont utilisé les conditions favorables de leur territoire et, par des irrigations bien entendues, créé de nombreux jardins.

SITUATION LORS DE L'APPLICATION DU SÉNATUS-CONSULTE ET ÉTAT ACTUEL

	Population	Tentes	Gourbis	Chevaux et mulets	Bêtes de somme	Bœufs	Moutons	Chèvres	Charrues	Ruches
En 1867...	2.854	224	479	389	380	919	4.126	1.630	250 »	907
En 1897...	4.412	»	»	351	350	1.261	6.496	4.967	322 47	»

IMPÔTS

En 1867 .... 19.488 35
En 1897 .... 27.877 68

RÉPARTITION

	Melks	Communaux	Domaniaux	Domaine public	Totaux
En 1867........	9.499ʰ77ᵃ63ᶜ	14ʰ95ᵃ65ᶜ	676ʰ64ᵃ80ᶜ	182ʰ02ᵃ26ᶜ	10.383ʰ00
En 1897........	»	»	»	»	10.38300

OBSERVATIONS. — Même situation qu'en 1867. Ce douar fait actuellement partie de la commune mixte du Chéliff.

Tribu des Ouled Farès. — Délimitée par décret du 13 mars 1867 et constituée en un seul douar : Ouled-Farès.

Origine et historique. — Les habitants, d'origine arabe, se fixèrent, au XVIe siècle, dans le pays, après en avoir chassé la population berbère.

Délimitation. — La délimitation de la tribu se trouvait faite au Nord, à l'Est et au Sud, avec les Baghdoura, les Heumis, les Medjadja. Situé sur la rive droite du Chéliff, le territoire des Ouled Farès est traversé dans sa plus grande largeur par l'oued Ouaran qui se jette dans le Chéliff, à 12 kilomètres environ en aval d'Orléansville ; il est longé par la route d'Orléansville à Ténès. La superficie délimitée a été de 17,943 hectares 59 ares 90 centiares.

Situation agricole. — Le sol, quoique nu et déboisé, est fertile, bien pourvu d'eau et de pâturages. Les Ouled Farès n'avaient ni terres collectives de culture, ni terre de parcours.

SITUATION LORS DE L'APPLICATION DU SÉNATUS-CONSULTE ET ÉTAT ACTUEL

	Population	Maisons	Gourbis	Tentes	Chevaux et mulets	Bœufs	Moutons	Chèvres
En 1867	3.363	19	1.186	360	428	2.493	10.947	2.924
En 1897	5.238	»	»	»	345	1.625	10.449	3.477

IMPÔTS

En 1867. . . . . 31.689 76
En 1897. . . . . 35.009 53

RÉPARTITION

	Melks	Communaux	Domaniaux	Domaine public	Totaux
En 1867	17.128·06ª20ᶜ	26·75ª70ᶜ	234·77ª75ᶜ	554·00ª25ᶜ	17.443·00
En 1897	»	»	»	»	16.681·00

OBSERVATIONS. — Cette différence de 762 hectares a été prélevée pour la formation du centre de Warnier. Le douar Ouled-Farès fait actuellement partie de la commune mixte du Chéliff.

Tribu des Medjadja. — Délimitée par décret du 5 décembre 1866 et constituée en un douar sous le nom de : Médinet-Medjadja.

Origine et Historique. — Les Medjadja étaient des marabouts très vénérés dans le pays ; leur influence s'étendait jusque dans les cercles voisins. La population se composait d'éléments arabes et berbères, qui vivaient parfaitement confondus sur le même territoire.

Délimitation. — Cette tribu est située au Nord d'Orléansville, sur la route de Ténès ; elle est bornée : au Nord, par les Eumis et les Beni Dardjin ; à l'Est, par les Beni Rached ; au Sud, par les Ouled Kosseïr, et à l'Ouest, par les Ouled Farès. Son territoire, d'une superficie de 18,167 hectares 72 ares 11 centiares, est accidenté, sablonneux et, en partie, couvert de broussailles.

Situation agricole. — La tribu des Medjadja est entièrement melk, elle ne renferme aucun terrain collectif de culture, ni de parcours.

SITUATION LORS DE L'APPLICATION DU SÉNATUS-CONSULTE ET ÉTAT ACTUEL

	Population	Charrues	Chevaux et Mulets	Bœufs	Moutons	Chèvres
En 1866..........................	6.003	»	»	»	»	»
En 1897..........................	6.910	359 37	316	1.601	10.506	7.909

IMPÔTS

En 1866	19.082 95
En 1897	34.063 »

RÉPARTITION

	Melks	Communaux	Domaine de l'Etat	Domaine public	Totaux
En 1866...	17.118ʰ 03ᵃ 19ᶜ	21ʰ 84ᵃ 97ᶜ	586ʰ 92ᵛ 80ᶜ	440ʰ 91ᵃ 15ᶜ	18.168ʰ 00
En 1897...	»	»	»	»	18.168ʰ 00

OBSERVATIONS. — Sans modification quant à la superficie. Le douar de Medinet-Medjadja fait actuellement partie de la commune mixte du Chéliff.

Tribu des Beni Boukni. — Délimitée par décret du 31 décembre 1866 et constituée en un douar : Beni-Boukni.

Origine. — La tribu des Beni Boukni est située à 35 kilomètres à l'Ouest de Miliana ; le Chéliff, la route de Miliana à Orléansville et le chemin de fer d'Alger à Oran traversent leur territoire.

Délimitation. — Elle est limitée par les tribus des Ouled Yahia, des Beni Sliman, des Braz Kebaïles et les El-Harrar. Quarante-une bornes ont été plantées sur les limites Nord, Ouest et Sud.

Situation agricole. — Le territoire, détenu à titre melk, ne renferme ni terres collectives de culture, ni terres communales de parcours.

SITUATION LORS DE L'APPLICATION DU SÉNATUS-CONSULTE ET ÉTAT ACTUEL

	Population	Maisons	Gourbis	Chevaux	Bœufs	Montons	Chèvres
En 1866.....................	1.060	26	324	179	662	2.449	1.749
En 1897.....................	1.500	»	»	»	»	»	»

IMPÔTS

En 1866 .... 7.522 85

RÉPARTITION

	Melks	Communaux	Domaniaux	Domaine public	Totaux
En 1866.......	4.275ʰ18ᵃ50ᶜ	6ʰ67ᵃ	432ʰ50ᵃ	279ʰ72ᵃ35ᶜ	4.994 00
En 1897.......	»	»	»	»	3.542 00

OBSERVATIONS. — Différence : 1,452 hectares, prélevés par le Service de la colonisation pour la formation des centres de Rouïna et de Kherba. Le douar de Beni-Boukni est rattaché actuellement, partie à la commune de Rouïna et partie à celle de Kherba.

Tribu d'El Harrar. — Délimitée par décret du 31 décembre 1866 et constituée en un douar : Harrar-du-Chéliff.

Origine. — Les Harrar occupent un territoire situé à environ 30 kilomètres à l'Ouest de Miliana, dans la vallée du Chéliff. Le cours de cette rivière le divise en deux parties, dont la plus importante se trouve sur la rive droite.

Le chemin de fer d'Alger à Oran traverse aussi cette tribu. Les Harrar sont d'origine berbère et détenaient à titre melk leur territoire.

Délimitation. — La délimitation n'avait soulevé qu'une seule difficulté avec les Beni Ghomerian ; la contestation a été réglée, à l'amiable par les djemâas intéressées, sans que la Commission ait eu à intervenir.

Situation agricole. — Une des terres de parcours depuis longtemps affectée au pàturage commun, connue autrefois sous le nom de Bled-Djemba.

SITUATION LORS DE L'APPLICATION DU SÉNATUS-CONSULTE ET ÉTAT ACTUEL

	Population	Maisons	Gourbis	Chevaux et mulets	Bœufs	Moutons	Chèvres
En 1866	1.166	13	244	184	536	1.797	2.095
En 1897	1.166	»	»	»	»	»	»

IMPÔTS

En 1866 ... 5.288 47

RÉPARTITION

	Melks	Communaux	Domaine public	Totaux
En 1866	4.126ʰ58ᵃ45ᶜ	118ʰ63ᵃ25ᶜ	199ʰ78ᵃ80ᶜ	4.445ʰ 00
En 1897	»	»	»	2 80ʰ 100

OBSERVATIONS. — Un prélèvement de 1,644 hectares a été effectué pour la formation des centres de Rouïna et de Kherba. Le douar d'El-Harrar-du-Chéliff est actuellement rattaché, partie à la commune de Kherba et partie à celle de Rouïna.

Tribu des Ouled Aïssa. — Délimitée par décret du 3 août 1867 et constituée en un douar : Tharia.

Origine et historique. — Les Ouled Aïssa se prétendaient d'origine arabe, mais il paraît plus que probable qu'ils sont de race berbère ; le melk était déjà solidement constitué chez eux avant l'établissement de la domination turque. Cette tribu, fraction de la grande confédération des Braz, s'était installée sur la rive droite du Chéliff, à 50 kilomètres environ à l'Ouest de Miliana.

Délimitation. — Le territoire des Ouled Aïssa est borné : au Nord, par les Tachela, les Zoughara et les Beni Bou Mileuk ; à l'Est, par les Merhaba, les Ouled Yahia et les Attafs ; au Sud, par les Attafs ; à l'Ouest, par les Beni Rached de la subdivision d'Orléansville.

Situation agricole. — Ils n'ont pas d'industrie spéciale : l'agriculture et l'élevage du bétail forment leurs principales ressources

SITUATION LORS DE L'APPLICATION DU SÉNATUS-CONSULTE ET ÉTAT ACTUEL

	Population	Maisons	Gourbis	Chevaux et mulets	Anes	Bœufs	Moutons	Chèvres	Jardins	Ruches	Charrues
En 1867....	2.224	13	582	195	213	1.276	4.491	1.186	65	298	253 »
En 1897....	3.363	»	»	293	273	867	4.139	1.967	»	»	155 57

IMPÔTS

En 1867 .... 13.163 36
En 1897 .... 18.973 »

RÉPARTITION

	Melks	Communaux	Domaine public	Totaux
En 1867.................	7.455ʰ30ᵃ24ᶜ	15ʰ98ᵃ25ᶜ	192ʰ03ᵃ26ᶜ	7.663ʰ00
En 1897.................	»	»	«	6.624ʰ00

OBSERVATIONS. — Cette différence provient du remaniement effectué par arrêté gouvernemental dans la délimitation des douars de Fodda et de Tharia. Le douar de Tharia est actuellement rattaché à la commune de Carnot.

Tribu des Sbéah du Nord.— Délimitée par décret du 27 novembre 1868 et divisée en quatre douars : Sobah, Herenfa, Mchaïa, Ouled Ziad.

Origine et historique. — Les Sbéah, venus d'Egypte avant la grande invasion arabe de l'an 1048, s'installèrent, d'abord, près du Djebel Amour, puis dans les plaines de la Mina et du Chéliff, où ils s'allièrent à la puissante tribu des Mehal. Cette dernière tribu s'était rendue indépendante de la domination berbère et exerçait son autorité sur tout le pays compris entre Miliana et Mostaganem, mais la conquête turque marqua la fin de sa prospérité. Les Sbéah, enveloppés dans le désastre, furent rejetés dans le désert et y restèrent pendant deux siècles.

Ces deux tribus reparurent vers 1752 et, après des luttes acharnées, obtinrent d'être cantonnées sur la rive droite du Chéliff, Mais, au siècle dernier, les Sbéah, les Heumis et les tribus limitrophes se coalisèrent contre les Méhal, les chassèrent et se partagèrent leur territoire. Les Sbéah reçurent toute la partie qui borde le Chéliff dont ils occupèrent ainsi les deux rives. La tribu se divisa, à la suite de cet agrandissement, en deux groupes distincts : les Sbéah du Sud sur la rive gauche, et les Sbéah du Nord sur la rive droite. Ce ne fut qu'après une résistance acharnée qu'ils se soumirent à notre domination.

Délimitation. — Cette tribu est située à 34 kilomètres, environ, à l'Ouest d'Orléansville ; elle est bornée : au Nord, par les Beni Merzoug et les Ouled Abdallah ; à l'Ouest, par les Mazouna et les Ouled El Abbès de Mostaganem ; au Sud, par les Ouled Khouïdem, du même arrondissement, et les Sbéah du Sud ; à l'Est, par les Ouled Khosseïr et les Ouled Farès.

Situation agricole. — Le territoire, arrosé par le Chéliff et son affluent, l'Oued Ras, est généralement fertile. Les sources, au nombre de soixante-trois, pour la plupart salées, ne sont utilisées que pour les troupeaux. Une seule route carrossable traverse la tribu ; c'est celle qui relie le bordj d'Aïn Meran à Orléansville et à Mazoun.

SITUATION LORS DE L'APPLICATION DU SÉNATUS-CONSULTE ET ÉTAT ACTUEL

	Population	Charrues	Chevaux	Mulets	Bœufs	Chèvres
En 1868.............	9.242	1.040	706	185	3.581	6.640
En 1897.............	12.063	»	»	»	»	»

IMPÔTS

En 1868 . . . . 39.515   »

. RÉPARTITION

	Melks	Communaux	Domaniaux	Domaine public	Totaux
En 1868	38.844ʰ31ᵃ00ᶜ	30ʰ38ᵃ21ᶜ	1.267ʰ95ᵃ01ᶜ	984ʰ67ᵃ58ᶜ	41.127·00
En 1897	»	»	»	»	39.420·00

Observations. — Cette différence de 1,707 hectares a été prélevée pour les besoins de la colonisation. Les douars de Mehaïa et Herenfa font actuellement partie de la commune mixte de Ténès. Ceux de Sobah et Ouled Ziad, de la commune mixte du Chéliff.

Tribu des Ouled Khosseïr. — Délimitée par décret du 29 février 1868 et divisée en cinq douars : El-Adjeraf, Chembel, Oum-el-Drou, Sidi-el-Aroussi, Sly.

Origine et historique. — L'origine des Ouled Khosseïr parait remonter à un individu portant le nom d'Ammou El Khosseïr, des Mehal, qui vint, dans le courant du quinzième siècle, se fixer dans la vallée du Chéliff. Ralliant à lui les gens déclassés des contrées voisines, il chassa les habitants du pays et distribua leurs terres à ses compagnons.

A la fin du dix-huitième siècle, les Oued Khosseïr, comptant sur leur puissance, ne craignirent pas d'attaquer le khalifa du bey d'Oran, qui portait à Alger les impôts de la province de l'Ouest : mais, le châtiment ne se fit pas attendre : ils furent écrasés et obligés de prendre la fuite. Leur territoire, réuni au beylik, resta désert pendant deux ans et livré aux malfaiteurs de toutes sortes. Pour remédier à cet état de choses, les Turcs installèrent d'autres populations sur ce territoire, mais celles-ci, inquiétées par les anciens habitants proscrits, ne purent s'y maintenir. Alors on décida d'y réinstaller les Ouled Khosseïr eux-mêmes, en les astreignant, toutefois, au paiement d'un impôt spécial représentant le prix de location de leurs anciennes terres déclarées propriétés du beylik.

L'Administration française hérita de cette situation et en profita pour disposer des terrains nécessaires à la fondation d'Orléansville.

Situation agricole. — Ce territoire, d'une grande fertilité, est traversé par le Chéliff, par la route d'Alger à Oran et par le chemin de fer. Cette situation assurait un avenir prospère à ce pays, qui, néanmoins, est peu favorisé sous le rapport de l'eau d'alimentation, l'eau des fontaines et des rivières y étant généralement saumâtre. La contrée est à peu près déboisée.

SITUATION LORS DE L'APPLICATION DU SÉNATUS-CONSULTE ET ÉTAT ACTUEL

	Population	Charrues	Chevaux. et mulets	Anes	Bœufs	Moutons	Chèvres	Ruches
En 1868..............	8.809	734	1.014	1.614	3.567	16.067	5.904	329
En 1897..............	11.907	»	820	»	»	»	»	»

IMPÔTS

En 1868.......................... 46.070 73

RÉPARTITION

	Melks	Communaux	Domaniaux	Domaine public	Totaux
En 1868.......	25.046ʰ97ᵃ02ᶜ	2.146ʰ14ᵃ55ᶜ	5.908ʰ50ᵃ30ᶜ	1.055ʰ02ᵃ30ᶜ	34.156ʰ 00
En 1897.......	»	»	»	»	33.815ʰ 00

OBSERVATIONS. — Différence : 341 hectares, prélevés pour les besoins de la colonisation. Le douar d'El-Adjeraf est actuellement rattaché à la commune d'Orléansville. Les douars de Chembel et Oum-El-Drou, partie, à Orléansville et partie à Oued-Fodda. Le douar de Sidi-El-Aroussi, partie à Orléansville et partie à la commune mixte du Chéliff. Le douar Sly est rattaché à la commune mixte du Chéliff.

Tribu des Attafs. — Délimitée par décret du 10 juillet 1867 et divisée en quatre douars : Fodda, Tiberkanine, Zeddin, Rouïna.

Origine et historique. — Etablis au milieu de populations berbères, les Attafs avaient adopté les usages de leurs voisins ; chaque famille était devenue propriétaire d'un héritage distinct, et le melk s'y était ainsi solidement constitué. La population est d'origine arabe et son installation sur le sol, qu'elle détient aujourd'hui, date du XIVᵉ siècle de notre ère. Le territoire des Attafs est situé sur la rive gauche du Chéliff, à 60 kilomètres, environ, à l'ouest de Miliana.

Délimitation. — Le territoire des Attafs est traversé par la route nationale d'Alger à Oran, et longé au Nord, sur la rive droite du Chéliff, par le chemin de fer. Cette importante tribu est arrosée par le Chéliff, l'oued Rouïna, l'oued Fodda, l'oued Tighzell. Les Les Chouchaoua, les Sendjès, les Ouled Aïssa la limitent.

Situation agricole. — Les terres sont d'excellente qualité, presque partout défrichées ou susceptibles de l'être avec avantage.

SITUATION LORS DE L'APPLICATION DU SÉNATUS-CONSULTE ET ÉTAT ACTUEL

	Population	Charrues	Chevaux et mulets	Anes	Bœufs	Moutons	Chèvres
En 1867	9.480	1.217	1.170	1.737	1.327	12.150	8.832
En 1897	10.863	»	»	»	»	»	»

IMPÔTS

En 1867 . . . . 37.466 59

RÉPARTITION

	Melks	Communaux	Domaniaux	Domaine public	Totaux
En 1867	35.102ʰ79ᵃ14ᶜ	2.871ʰ82ᵃ95ᶜ	804ʰ77ᵃ20ᶜ	1.108ʰ29ᵃ96ᶜ	39.887ʰ 68
En 1897	»	»	»	»	24.309ʰ 00

OBSERVATIONS. — Divers prélèvements ont été effectués pour la création des centres d'Oued-Fodda, Vauban, Wattignies, Rouïna et St-Cyprien des Attafs, s'élevant à 15,578 hectares. Le douar Zeddin est actuellement rattaché à la commune mixte des Braz. Celui de Tiberkanine, à la commune mixte du Chéliff. Celui de Rouïna, partie à la commune des Attafs et partie à celle de Rouïna. Le douar Fodda est rattaché à la commune d'Oued-Fodda.

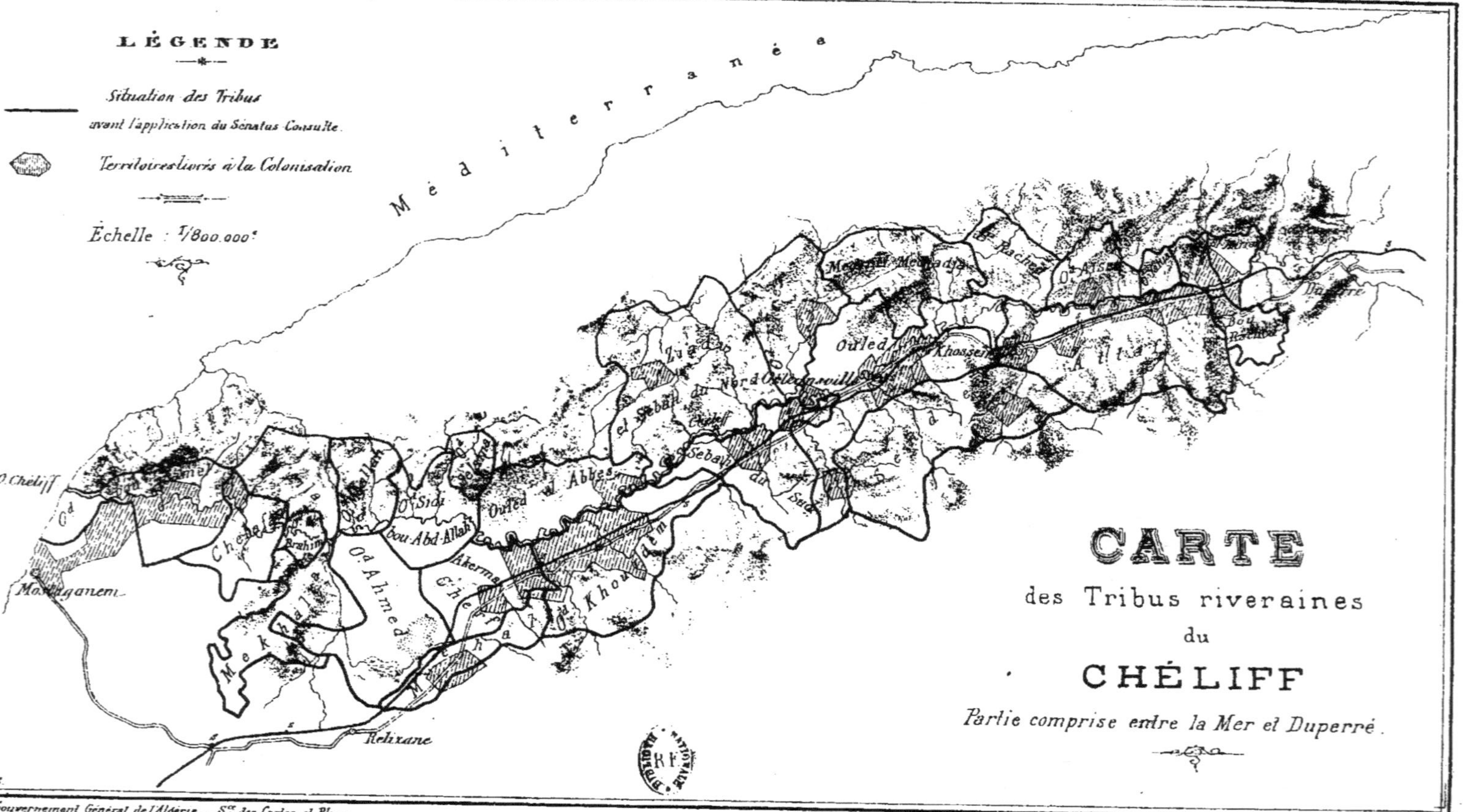

LÉGENDE
Situation des Tribus
avant l'application du Sénatus-Consulte.
Territoires livrés à la Colonisation.
Échelle : 1/800.000e
Méditerranée
CARTE
des Tribus riveraines
du
CHÉLIFF
Partie comprise entre la Mer et Duperré.
O. Chéliff
Mostaganem
Relizane
Gouvernement Général de l'Algérie .. Sce des Cartes et Plans.
Imp. Fontana et Cie.

Résumé des Vœux et Conclusions de la Commission du Chéliff.

Depuis quelques années, des plaintes nombreuses et presque continues arrivent de la vallée du Chéliff, et, plus particulièrement. de la portion de cette vallée comprise entre Affreville et Relizane.

Cinq années sèches viennent de se succéder sans interruption : une série de mauvaises récoltes a plongé la population européenne dans une gène inquiétante et la population indigène dans la misère.

Le désastre est trop grand, pour qu'il n'y ait pas lieu d'en prévoir le retour. Il ne suffit pas de compter sur les années pluvieuses ; il faut empêcher les années sèches de semer à nouveau la misère dans cette région. En l'état actuel, cela ne semble guère possible. On peut y arriver cependant, la preuve en est faite aujourd'hui, en transformant la situation agricole de la vallée du Chéliff.

Le Gouvernement général de l'Algérie, ému de cet état précaire, assailli de perpétuelles demandes de secours, déférant enfin au vœu du Conseil supérieur, a constitué une Commission d'études. Il lui a donné mission d'examiner les améliorations à apporter à cette situation et de lui indiquer les voies et moyens susceptibles de conduire à ce but. Les membres de cette Commission se sont d'abord attachés à exposer, avec précision, la situation actuelle. Ils l'ont étudiée, tant aux points de vue statistique et administratif, qu'aux points de vue physique et agricole.

Tous les rapporteurs ont reconnu l'existence d'un état précaire dont ils ont fait connaître les causes physiques et morales, puis, ils en ont étudié les effets sur le chiffre de la population et sur les ressources des habitants.

Ils ont proposé, enfin, les moyens susceptibles, à leur avis, d'améliorer une situation que l'on ne saurait tolérer plus longtemps.

Telle est la tâche que se sont imposée les membres de la Commission ; elle a fait l'objet de nombreux rapports spéciaux, auxquels chacun a participé.

C'est le fond même de ces rapports, ce sont leurs conclusions que l'on s'est efforcé de résumer et de réunir dans les lignes qui suivent.

Périodiquement, la vallée du Chéliff est soumise à des séries d'années sèches ou d'années humides ; ces dernières amènent, en général, avec elles de bonnes récoltes, parce qu'elles apportent la quantité d'eau exactement nécessaire pour les faire pousser.

Mais les années sèches sont désastreuses. Les récoltes insuffisamment ou mal arrosées sont médiocres, parfois même elles sont nulles. C'est une de ces périodes de sécheresse qui, après avoir duré pendant cinq ans dans la plaine du Chéliff, vient de prendre fin cette année.

Le sol, cependant, est riche ; les terres y sont généralement bien constituées, tant au point de vue physique que chimique. Sur toute sa longueur, elle est traversée par un chemin de fer qui pourrait en écouler les produits, et par une rivière qui pourrait en arroser les cultures.

Cette série de mauvaises récoltes a obéré la population européenne ; elle a mis la population indigène dans la misère la plus absolue et ce n'est qu'à force de secours, en argent et en nature, que l'Administration parvient à préserver cette dernière de la famine.

Actuellement, la vallée du Chéliff est vouée à la monoculture. On n'y sème que des céréales, presque exclusivement composées de blé tendre, de blé dur et d'orge, tant chez les Européens que chez les Indigènes.

La plupart du temps, ces cultures ne sont l'objet d'aucun soin de la part des Européens eux-mêmes. Jusqu'à ce jour, les labours préparatoires ne se sont guère répandus, par suite, les semailles sont souvent tardives ; la terre, sale et mal préparée, dispose la céréale à l'échaudage et, enfin, quoique les fumures soient l'exception, il n'est pas rare de voir demander des récoltes à une même terre, pendant plusieurs années de suite. sans lui donner d'autre repos, que l'arrêt forcé des années où les récoltes n'arrivent pas à maturité.

La production et l'élevage du bétail, que les colons avaient autrefois entrepris, concurremment avec les Indigènes, restent presque exclusivement aux mains de ces derniers. Les colons paraissent négliger, de plus en plus, ce genre d'exploitation. A peine, s'il en est encore quelques-uns qui font un peu d'engraissement. Bien souvent, du reste. l'insécurité et le morcellement de la propriété les réduisent à ne posséder que les animaux strictement nécessaires à leurs travaux de culture.

Les chaleurs de l'été, une nourriture trop desséchée et trop pauvre, quelquefois même trop rare, sont autant de causes de maladie et de mortalité du bétail.

Dans la plaine du Chéliff, la mortalité est élevée sur le gros bétail. La race ovine y dégénère rapidement. La vie y est presque impossible pour les sujets de races perfectionnées. Les races ovines autochtones, seules, résistent suffisamment au climat et se contentent de la nourriture qu'elles y trouvent. Mais, comme elles y dégénèrent, il est utile, dans les troupeaux d'élevage, de ramener constamment des reproducteurs provenant des Hauts Plateaux.

Les chevaux du Chéliff sont sobres et robustes. Mais leur faible taille et leur conformation défectueuse sont le résultat des privations qu'ils partagent avec leurs propriétaires.

La situation précaire de l'agriculture de la vallée du Chéliff, qui vient d'être brièvement exposée, provient de causes que l'on peut diviser en deux catégories : les causes d'ordre physique et les causes d'ordre moral.

Causes d'ordre physique.

La vallée du Chéliff ne forme pas, à proprement parler, une plaine continue ; elle se compose d'une série de cuvettes, traversées par la rivière qui s'en échappe en franchissant des gorges plus ou moins resserrées. Ces cuvettes, sortes d'anciens lacs situés à une altitude qui varie, entre Affreville et Relizane, de 270 à 65 mètres, sont couronnées de montagnes ou de collines dont l'altitude assez élevée n'est guère inférieure à 7 ou 800 mètres, et dont certains sommets s'élèvent jusqu'à 1,417 mètres (Zaccar) et 1.985 mètres (Ouarsenis). Lorsque les vents du Nord-Ouest, surtout, mais parfois aussi du Sud-Ouest, amènent les nuages, ceux-ci se répandent sur les massifs montagneux où ils s'arrêtent en produisant des pluies abondantes, tandis qu'ils traversent, sans encombre, la vallée et ne l'arrosent pas.

A cette constitution orographique défavorable, viennent encore s'ajouter les effets du déboisement presqu'absolu des collines qui environnent immédiatement la vallée. Il y a même lieu de prévoir qu'à bref délai, les derniers vestiges des anciens boisements auront disparu, sous la dent du gros bétail et des chèvres, si des mesures rigoureuses ne sont pas prises pour leur conservation, et si les communes ne sont pas encouragées à mettre en valeur certains de ces bois, principalement composés d'oliviers.

Les terres de la vallée sont, en général, des terres franches, quelquefois même, ce sont des terres fortes, et elles demandent beaucoup de pluies pour se détremper suffisamment. Toutefois, une fois gorgées d'eau, elles la retiennent pendant un temps très long, et les plantes peuvent y végéter longtemps, sans pluie ni arrosage. Aussi, n'est-il pas rare de voir des céréales arriver à maturité et produire des récoltes à peu près convenables, bien qu'elles n'aient, pour ainsi dire, été arrosées par les eaux de pluie ou d'irrigation, mais avec abondance, que pendant les premières semaines de leur existence.

Les terres des côtes sont plus légères, en général, et quoique recevant plus d'eau que celles de la vallée, il leur en faut, cependant, bien moins pour se gorger et pour alimenter les récoltes qu'elles nourrissent. De là, l'état relativement prospère des versants des montagnes qui avoisinent la vallée.

Les eaux de la rivière et de ses affluents, qui pourraient rétablir l'équilibre, sont mal utilisées malheureusement.

Le barrage du Chéliff n'est pas encore aménagé de manière à permettre d'utiliser les eaux d'hiver, seules susceptibles d'assurer les récoltes de céréales sur de grandes étendues.

D'autre part, la redevance élevée, perçue par l'État, empêche les colons de devenir usagers et ils préfèrent courir les risques de la sécheresse, que de grever leurs fonds d'un droit d'usage trop onéreux pour les bienfaits qu'ils pourraient tirer de l'irrigation.

Quant aux travaux de dérivation des affluents, ils sont méthodiquement poursuivis par l'Administration, au fur et à mesure des disponibilités budgétaires qui n'arrivent qu'avec trop de lenteur.

La plupart des canaux sont creusés dans des terres argileuses qui se crevassent, ou dans des terres perméables, d'où des pertes, par imbibition ou par affaissement, qui nécessitent de nombreuses réparations, durant lesquelles on est obligé de couper l'eau, principalement en hiver, tandis qu'elle est abondante et propice à toutes les cultures d'automne, particulièrement aux céréales et aux végétaux ligneux.

C'est ainsi que le Chéliff débite en moyenne dix mètres cubes d'eau par seconde, du mois de décembre au mois d'avril, période d'irrigation des céréales, alors que ce débit se réduit à trois mètres cubes environ, pendant la période estivale.

Dans la plupart des affluents, les eaux tarissent presque complètement en été et, en hiver, elles seraient suffisantes pour l'irrigation des territoires desservis par les canaux de dérivation.

Un autre mal venait encore s'ajouter à celui-ci et ce dernier était particulier à la région d'Orléansville. Une taxe mal calculée rendait les eaux du barrage trop onéreuses pour qu'elles pussent être économiquement employées à l'irrigation.

Aussi, sur 1,500 litres que pourrait fournir le canal tronc commun, n'avait-on encore souscrit, sur la rive gauche, que pour 200 litres environ, et le Syndicat de la rive droite n'avait-il pas encore pu être constitué. Une nouvelle réglementation a, heureusement, réduit la taxe qui n'est plus, aujourd'hui, que de 10 francs avec redevance minima de 6,000 francs. Les souscriptions se sont aussitôt élevées à 400 litres et atteindront, bientôt, les 600 litres nécessaires pour couvrir le taux de la redevance fixée à 6,000 francs par le Gouvernement.

Causes d'ordre moral.

A côté de ces causes d'ordre physique, il existe des causes d'ordres moral et politique, dont l'influence n'est pas moindre.

Les colons des anciens centres végètent en attendant la réalisation de travaux depuis longtemps promis. Les colons des centres de peuplement arrivent, avec des ressources insuffisantes, sur des concessions dont les conditions et l'étendue sont, dans bien des cas, mal étudiées et assises, bien plus souvent, sur des règles administratives que sur des observations basées sur la nature du sol et du climat. Les capitalistes hésitent à engager des fonds sur des exploitations dont les produits sont aléatoires, parce que le climat est irrégulier, parce que l'aménagement des eaux est incomplet ici, ruineux là bas. Cette situation empêche de recourir aux irrigations pour régulariser, d'une manière certaine, le rendement des récoltes. La main-d'œuvre est aléatoire et maladroite ; l'état matériel de la population n'est pas encourageant. Enfin et par dessus tout, l'insécurité empêche d'entreprendre la plupart des cultures qui présenteraient la plus grande somme de produits et de régularité.

Depuis 1880, le chiffre de la population française n'a augmenté que de 350 habitants dans la partie de l'arrondissement d'Orléansville, comprise dans la vallée du Chéliff, malgré la création de deux centres nouveaux. D'autre part, la population étrangère, principalement composée d'Espagnols, avait considérablement augmenté de 1881 à 1886, attirée par les facilités d'irrigations promises par le barrage du Chéliff. Mais ces facilités n'étaient pas ce que l'on espérait et cette population est actuellement en diminution.

Il faut noter une particularité plus grave encore. Le cheptel de la population européenne est en décroissance considérable, particulièrement en ce qui concerne les moutons, les bœufs et les chevaux.

Chez les Indigènes, cette décroissance n'atteint que les charrues et les bœufs. Moutons et chèvres continuent à croître, tandis que la population, qui avait augmenté avec une rapidité excessive à la suite de la famine meurtrière de 1867, est, actuellement, en légère diminution. Cette diminution n'est que l'effet direct des cinq années de sécheresse qui viennent de se succéder. Mais, un fait beaucoup plus inquiétant provient de ce que les Indigènes qui peuplent le Chéliff sont aujourd'hui désorganisés. Le Caïd, le douar, le silo n'existent plus. Le Maire ou l'Administrateur qui remplace le Caïd ne peut connaître individuellement chacun de ses administrés, comme le faisait ce dernier.

La djemàa ne répartit plus, comme autrefois, entre les charrues, les terres labourables qui sont, pour la plupart, devenues biens individuels ou melks, et ne détermine plus l'emplacement que devra occuper, chaque année, le douar.

Enfin, le silo a été, en partie, remplacé par la société de prévoyance ; chacun d'eux a ses avantages et ses inconvénients. Dans le silo, une partie du grain était détérioré au contact de la terre, et sa surveillance nécessitait un service de garde qui n'existe plus avec la société de prévoyance. Mais, celle-ci présente l'inconvénient de procurer des grains qu'elle est forcée d'acquérir au moment où leur prix est généralement élevé, et de se les faire rembourser à l'époque où ils sont au plus bas prix.

On ne peut dissimuler que les Indigènes échappent à la surveillance directe des Maires ou Administrateurs ; ils sont dédaigneux de l'autorité fictive des cheiks, sans influence, que leur impose notre Administration. Ils méprisent une justice trop savante et trop lente à la fois, pour qu'ils puissent comprendre, chez elle, autre chose que son incapacité à découvrir les auteurs des vols et des assassinats que tout le monde connaît, à part elle.

Les Indigènes vivent donc dans un état voisin de l'anarchie qui les ramène plus encore en arrière, qu'avant l'établissement du régime civil. C'est là un fait nettement démontré par la statistique. En effet, si le nombre de leurs moutons et de leurs chèvres est en augmentation, le nombre de leurs bœufs et de leurs charrues, par contre, a considérablement diminué. C'est un recul de la période agricole vers la vie pastorale.

On saisit facilement les effets désastreux de cet état social : c'est la négation de toute amélioration foncière et la suppression des résultats acquis. Aussi les quelques plantations existantes de cactus et de figuiers sont-elles en voie de disparition, aussi bien que les derniers boisements naturels qui bordaient la vallée. Rien n'est fait pour les remplacer, car il n'y a pas plus d'autorité capable de préserver leurs rameaux de la dent du bétail que pour protéger leurs fruits de la main du maraudeur.

L'amélioration du sol par les fumures ou par la culture, les assolements et particulièrement les cultures arbustives sont bannies de la région du Chéliff, par suite du désordre social des Indigènes. On ne saurait, cependant, oublier que ces dernières cultures utilisent, dans les conditions les plus avantageuses, les eaux d'irrigation ; que, seules, elles ont la faculté de profiter des eaux d'orage, que la nature même de ces cultures en fait, en quelque sorte, une réserve pour les mauvaises années. Elles constituent, en un mot, un véritable régulateur dans les régions à climats extrêmes et variables par périodes prolongées, comme celui qui régit la vallée du Chéliff.

Les maux qui assaillent la vallée du Chéliff sont nombreux, on le voit ; mais la solution de la crise, si elle doit être longue, n'est pas impossible à trouver. S'il est difficile d'apporter à la situation générale de la plaine du Chéliff des remèdes immédiats, il n'en est que plus urgent de se préoccuper de lui appliquer, sans délai, les moyens propres à l'améliorer peu à peu. En attendant que leurs effets se fassent sentir, c'est aux palliatifs qu'il faudra, pendant quelques années encore, faire appel.

Parmi les palliatifs dont on doit condamner le principe, citons les secours en argent et en nature, les chantiers de charité, etc.

La Commission du Chéliff considère que les mesures à prendre sont d'ordre général, et qu'aucun résultat sérieux ne saurait être obtenu si leur réalisation est abandonnée à l'initiative privée qui ne doit être utilisée que comme adjuvant.

La transformation de la situation agricole de la vallée du Chéliff est une œuvre qui ne peut être réalisée que si elle est soumise à un programme d'ensemble, d'une application longue et méthodique qu'une impulsion unique peut exclusivement mener à bien.

Seule, l'Administration est capable d'entreprendre cette œuvre considérable. De nombreux services, en effet, seront appelés à y concourir, si le programme, tracé par la Commission du Chéliff et réclamé par tous les Colons et Indigènes, est adopté.

PROGRAMME.

1° Il est indispensable, dans l'exécution du programme des travaux d'irrigation, de tenir grand compte des irrigations d'hiver qui sont, de beaucoup, les plus avantageuses, tant au point de vue des surfaces considérables qu'elles permettent d'arroser, qu'à celui des cultures auxquelles elles s'appliquent spécialement : les céréales et les cultures arbustives ;

2° Les eaux qui ruissellent, à la suite des grandes pluies d'orage, sont, la plupart du temps, inutilisables. Il y a lieu, autant que possible, d'entraver leur écoulement et de le retarder, afin de faciliter l'infiltration et, par suite, d'augmenter le débit moyen des cours d'eau, pendant la saison hivernale au moins.

Tout un système de travaux légers, en montagne, et de reboisement s'impose dans ce but, soit isolément, soit combinés ensemble. Ces travaux, qui ne nécessitent ni études préalables, ni matériaux étrangers au sol sur lequel ils sont exécutés, ni ouvriers d'art, pourraient être faits par les particuliers, par la main-d'œuvre pénitentiaire ou par les chantiers de charité qui ne sauraient disparaître du jour au lendemain ;

3º Dans la vallée du Chéliff, l'irrigation doit être considérée comme une nécessité d'existence, tant pour la population européenne que pour la population indigène, aucune colonisation ne pouvant subsister sans elle.

En présence des résultats négatifs obtenus à Orléansville, il y a donc lieu d'établir en principe que l'Etat, qui a assumé une responsabilité morale vis-à-vis des populations qu'il a appelées dans la vallée du Chéliff pour en cultiver les terres, ne saurait exiger, des usagers des eaux d'irrigation, des redevances qui rendent ces dernières si onéreuses que les colons préfèrent les laisser perdre que de s'en servir ;

4º L'état précaire des colons, l'état social des Indigènes, ne leur permettant pas de faire des essais coûteux et prolongés, il serait utile de créer, dans la région d'Orléansville, un champ d'expériences et de démonstration, où l'on pourrait étudier méthodiquement les cultures encore mal connues, mais susceptibles de procurer des bénéfices aux cultivateurs de la région, leur faire connaître particulièrement les diverses variétés d'arbres fruitiers qui leur donneraient les fruits les meilleurs et les plus abondants, leur enseigner, par la vue, les méthodes culturales les plus avantageuses, c'est-à-dire les mieux appropriées à la situation, au sol et au climat de leur pays.

Subsidiairement à ce champ d'expériences, serait annexée une pépinière destinée à fournir, à bref délai, aux cultivateurs désireux de faire des plantations, les plants qui leur seraient nécessaires ;

5º Il y a lieu d'engager les Européens et les Indigènes à faire des plantations d'arbres fruitiers, parce que ces sortes de cultures sont les meilleurs régulateurs de la production dans les pays à climats secs et irréguliers.

En ce qui concerne les Européens, il est facile d'atteindre le but recherché, en les encourageant au moyen de primes et en leur fournissant, à bas prix, des arbres de variétés bien adaptées au climat et au sol de la région.

En ce qui concerne les Indigènes, les mêmes encouragements

pourraient leur être accordés, quand il s'agirait de plantations individuelles. Mais ces dernières ne pourraient être exécutées que par des Indigènes jouissant, d'une part, d'un degré d'instruction au-dessus de la moyenne et, d'autre part, de biens propres. Il serait donc utile, dans l'intérêt des indigents qui forment la masse de la population indigène, d'étudier la création de plantations communales analogues à celles qui ont été détruites depuis notre domination ;

6° Il y a lieu, dans le but de rapprocher de nous les Indigènes et de faciliter leurs transactions commerciales, de procéder à l'établissement de chemins de tribus ;

7° La Commission a émis l'avis que toutes les mesures proposées, dont l'urgence ne saurait être contestée, ne pourront produire d'effet utile, en particulier pour ce qui concerne les Indigènes, que si M. le Gouverneur général veut bien leur appliquer les moyens de répression dont il dispose actuellement. Il existe quelques exemples d'application de ces moyens qui démontrent qu'ils sont aptes à assurer la conservation des biens et des plantations.

En l'état actuel et en raison du mode d'application de la législation, cette conservation est des plus précaires. Avec son appareil, avec sa procédure interminable, notre justice n'arrive que difficilement à la découverte des crimes et délits. Il en résulte qu'étant les premiers volés par leurs coreligionnaires, les Indigènes ont restreint l'étendue de leurs cultures ; les plantations mêmes qui dataient d'une époque antérieure à la conquête, disparaissent graduellement ; toute amélioration de l'élevage ou de la culture, toute plantation d'arbres fruitiers deviennent impossibles, les Indigènes vivant dans un état de désorganisation sociale et économique qui grandit chaque jour leur fatalisme.

Tel est le résumé des desiderata que la Commission a formulés, soit en séance, soit par l'organe de ses divers rapporteurs.

Le Rapporteur,
R. MARÈS.

Procès-Verbaux des Séances de la Commission du Chéliff.

Séance des 18 et 19 novembre 1897.

Le jeudi, 18 novembre 1897, à 9 heures du matin, la Commission nommée par M. le Gouverneur Général de l'Algérie pour étudier les moyens propres à améliorer la situation agricole de la plaine du Chéliff, s'est réunie à Orléansville, dans une des salles de la Mairie, sous la présidence de M. Lecq, Inspecteur de l'agriculture en Algérie.

Etaient présents : MM. Lecq, Renoux, Trabut, Marès, Branlière, Robert, Casanova, Samson, Gournail, Durros, Saïah Mohammed ben Henni, Yaya, Vermeil, Thirion, Godard.

Etaient absents : MM. Boutonnet, Ramier, Ben Alia El Hadj Djelloul.

Ces messieurs ont excusé leur absence auprès de M. le Président.

Après appel des membres, M. Lecq, fait l'historique de la constitution de la Commission, indique le but qu'elle doit poursuivre et trace, dans un projet de programme général, les moyens pratiques qui pourraient être recommandés aux populations rurales pauvres de la vallée du Chéliff, pour se prémunir des disettes fréquentes causées par la sécheresse.

Le projet de programme présenté par M. le Président porte sur les points suivants :

1° Régions du Chéliff particulièrement éprouvées par la sécheresse. — Variations de la population. — Situation des cultivateurs européens et indigènes comparée à ce qu'elle était autrefois. — Variations du cheptel. — Situation matérielle.

Voies de communication des tribus avec les routes, centres, chemins de fer et marchés ;

2° Climatologie de la vallée du Chéliff. — Rôle des cultures arbustives, figuiers, orangers, oliviers, cactus, vignes, etc. :

3° Modes d'utilisation des eaux d'irrigation, d'hiver, de printemps et d'été et particulièrement des eaux de ruissellement. — Utilisation des eaux de barrages, des eaux souterraines. — Leur application aux diverses cultures ;

4° Améliorations d'ordre simple à introduire dans la culture des

Indigènes, sans apporter des modifications profondes aux procédés actuellement en usage ;

5° Cultures alimentaires secondaires. — Cultures horticoles ;

6° Industries agricoles secondaires. — Utilisation des produits alimentaires naturels. — Basses-cours ;

7° Alimentation du bétail. — Plantes fourragères à cultiver. — Conservation des fourrages. — Abris ;

8° Le bétail ;

9° Étude des moyens administratifs pour parer à la sécheresse. — Reboisement. — Conservation des ouvrages effectués.

Après une discussion générale engagée sur ces diverses questions, ce programme est adopté par la Commission qui décide qu'un rapport spécial sera élaboré sur chacune d'elles et désigne les rapporteurs, qui sont :

Pour la 1re question : M. RENOUX.
    —   2e   —   M. MARÈS.
    —   3e   —   M. CASANOVA.
    —   4e   —   M. GODARD.
    —   5e   —   M. TRABUT.
    —   6e   —   M. VERMEIL.
    —   7e   —   M. SAMSON.
    —   8e   —   MM. CASANOVA et ROBERT.

M. MARÈS accepte les fonctions de rapporteur général.

Les rapports spéciaux devront être transmis avant le 10 décembre prochain.

A la séance de l'après-midi du dix-huit, M. LE PRÉSIDENT présente les excuses de MM. Trabut, Durros et Gournail, rappelés chez eux par leurs affaires ou leur service.

A cette même séance, la Commission, sur la proposition de M. Casanova, demande que la prochaine réunion ait lieu à Alger, à l'époque du Congrès agricole organisé par la Société d'agriculture.

LE PRÉSIDENT s'engage à faire les démarches utiles pour qu'il soit donné satisfaction à ce désir.

Le travail préliminaire achevé, la première réunion a été close.

Orléansville, le 19 novembre 1897.

Le Secrétaire,

LABORY.

Séance du 20 décembre 1897, matin.

—

Le lundi, 20 décembre 1897, à 9 heures du matin, la Commission nommée par M. le Gouverneur Général de l'Algérie, pour étudier les moyens propres à améliorer la situation agricole de la plaine du Chéliff, s'est réunie à Alger, dans la salle de la Bibliothèque du Gouvernement Général, sous la présidence de M. LECQ, Inspecteur de l'agriculture en Algérie.

En l'absence du secrétaire, M. VERMEIL, professeur départemental d'agriculture à Oran, est chargé de remplir ces fonctions.

Étaient présents : MM. LECQ, VERMEIL, CASANOVA, SAMSON, THIRION, DURROS, Dʳ TRABUT, YAYA, SAÏAH MOHAMMED BEN HENNI, MARÈS.

Étaient absents excusés : MM. BRANLIÈRE, RENOUX, GODARD, BEN ALIA EL HADJ DJELLOUL, ROBERT, BOUTONNET, RAMIER, GOURNAIL.

Le procès-verbal des séances tenues à Orléansville est adopté.

M. LECQ donne la liste des divers rapports qu'il a reçus, et félicite les rapporteurs qui, tous, ont été exacts à les remettre à la date fixée.

M. TRABUT demande que la lecture des rapports commence par ceux dont les auteurs sont présents.

M. LECQ donne la parole à M. Marès pour lire son rapport sur la *Climatologie de la vallée du Chéliff et le rôle des cultures arbustives.*

Après lecture de ce rapport et sur une observation de M. Lecq, M. SAÏAH déclare que si les Indigènes ne font pas de labours préparatoires, ce n'est pas qu'ils y soient réfractaires, mais c'est parce que les moyens de les effectuer leur manquent.

M. TRABUT explique que les inconvénients du climat de la plaine du Chéliff sont quelque peu compensés par les avantages suivants : 1º le blé n'est jamais atteint par la rouille, comme dans la plaine de la Mitidja ; 2º les vignes ont peu à souffrir des maladies cryptogamiques.

La végétation d'hiver, suivant toujours son cours, on pourrait, dans les années de pluies précoces, faire des fourrages pour les ramasser et s'en servir dans les mauvaises années.

A propos de la répartition des pluies, M. LECQ fait observer que la quantité d'eau, qui tombe annuellement, a moins d'importance que sa bonne répartition. Les pluies sont surtout favorables lorsqu'elles arrivent en abondance au printemps, mais aussi faut-il que leur quantité soit suffisante, en hiver, pour permettre les labours, les semailles et la levée des grains.

M. Trabut explique que la géologie de la plaine du Chéliff a une grande influence. La nature des terrains est telle que le eaux y sont facilement retenues.

M. Marès est d'avis que les pluies d'hiver abondantes sont les meilleures pour les céréales. Ces pluies sont celles qui tombent de novembre à mars.

M. Vermeil dit que, grâce aux labours préparatoires, les eaux d'hiver, tant de pluie que d'arrosage, ont encore d'excellents effets au printemps, et qu'on peut, dans une certaine mesure, suppléer à la sécheresse du printemps par des labours profonds, avant l'hiver.

M. Thirion estime que les arrosages d'hiver devront fournir l'eau suffisante, lorsque les pluies ne l'auront pas donnée ; c'est là la solution du problème.

M. Trabut fait ressortir que, s'il est impossible de régler les pluies, l'étude de la pluviométrie peut donner de bonnes indications pour la création des réseaux d'irrigation qui sont projetés dans la plaine du Chéliff.

A propos des labours préparatoires, M. Casanova est persuadé que, lorsque leur utilité pourra être démontrée d'une façon palpable aux Indigènes, ces derniers se mettront à les pratiquer.

M. Saïah voudrait qu'on donnât aux Indigènes le moyen de faire ces labours préparatoires. Il est de l'avis de M. Casanova, mais, il estime que l'Indigène est actuellement trop pauvre, en argent et en terres, pour arriver à ce perfectionnement de la culture.

Après cet échange de vues, M. Marès continue la lecture de son rapport.

Au sujet de la hauteur d'eau tombée, M. Casanova fait remarquer que, depuis quatre ans, la moyenne, dans la région du Chéliff, s'est considérablement abaissée.

La lecture des observations pluviométriques, donnée par M. Lecq, montre que les années sont très variables, les unes très pluvieuses, les autres absolument sèches ; les années 1890, 1891, ont été excellentes, parce que l'eau tombée, en hiver, a été abondante. En 1892, 1893, les récoltes sont mauvaises, parce que les pluies sont peu abondantes et surtout mal réparties.

De cette discussion, il résulte que l'eau est le grand facteur des bonnes récoltes dans la plaine du Chéliff.

Au sujet de la culture de l'oranger et du mandarinier, M. Trabut donne le nom du diptère qui attaque leurs fruits : Le *Cerastitis hispanica*. Il propose, pour atténuer les attaques de cet insecte, les moyens suivants : les Maires prendraient des arrêtés ordonnant le ramassage des fruits piqués et tombés. Ces fruits pourraient être écrasés dans des tonneaux avec de la chaux. Il se formerait du citrate de chaux qui payerait largement les frais de ramassage.

A propos des autres cultures arbustives, figuiers et oliviers, la Commission est d'avis qu'il doit être procédé à l'étude de leurs diverses variétés et, particulièrement, de celles qui seraient le mieux appropriées à la vallée du Chéliff.

M. Thirion estime que l'olivier est un arbre de très bonne venue dans la plaine du Chéliff, surtout quand on connaîtra les variétés à cultiver, soit pour l'huile, soit pour conserve.

A propos du figuier de Barbarie, M. Trabut fait remarquer que cette plante donnera plus de fruits et de meilleurs, lorsqu'on la cultivera. On constate que les plantations de figuiers diminuent.

M. Saïah estime que cette diminution doit être attribuée à l'insécurité. Les vols sont trop nombreux.

Au sujet de la situation des Indigènes, M. Saïah fait observer qu'elle n'est précaire que parce qu'on ne peut leur assurer du travail. Ils ne sortent pas de chez eux, parce qu'ils ont, la plupart, une nombreuse famille et qu'ils ne savent pas si ailleurs ils trouveront une occupation assurée.

La séance est levée à 11 heures. La reprise en est fixée à 2 heures de l'après-midi.

Le Secrétaire,
Vermeil.

Séance du 20 décembre 1897, soir.

Les membres présents sont les mêmes que ceux qui ont assisté à la séance du matin.

M. Lecq donne lecture d'une lettre aux termes de laquelle M. Godard s'excuse de ne pouvoir assister aux réunions, et lui adresse son rapport sur les « *Améliorations d'ordre simple à in-*

*troduire dans la culture des Indigènes sans apporter des modifications
profondes à leurs procédés actuellement en usage ».*

Après lecture d'une partie de ce rapport, M. Lecq demande si
personne n'a d'observations à présenter.

M. Saïah estime qu'au sujet de l'araire, on n'a pas trouvé l'instrument qui pourrait convenir le mieux aux Indigènes. Quant à la
faucille, cet outil leur rend de bons services et les faulx armées
ne leur ont pas été montrées.

M. Durros fait remarquer que beaucoup d'Indigènes se servent,
aujourd'hui, de bonnes charrues araires et que c'est indifférence
ou manque de moyens chez ceux qui ne les emploient pas.

M. Casanova, M. Lecq et M. Trabut sont aussi de cet avis, ils
pensent que l'Administration pourrait, à l'avenir, donner aux Indigènes un modèle de charrue araire simple qui leur rendrait sûrement de bons services.

M. Lecq continue la lecture du rapport de M. Godard ; à propos
de la sélection des semences, M. Casanova fait observer que, pas
plus que les arbres, on ne connaît les variétés de céréales.

M. Marès fait remarquer que certaines variétés, bien connues
dans les régions où on les cultive, y réussissent bien. L'étude des
variétés les meilleures ferait connaître, après quelques expériences, celles qui, dans la plaine du Chéliff, donneront de bons
résultats.

M. Trabut est d'avis qu'on doit surtout chercher à multiplier les
variétés dites *du pays* et même les variétés que certains propriétaires ont sélectionnées chez eux pour les blés durs. Pour les blés
tendres, tout est à faire encore. M. Trabut poursuit cette étude.

M. Casanova fait observer que les Richelles n'ont rien rendu
chez lui et que la Tuzelle du pays, au contraire, a donné de bons
résultats.

M. Trabut déclare que les Richelles hâtives et n° 2, étudiées
depuis 6 ans par la Service technique, ont donné d'excellents
résultats chez beaucoup de colons de la région du Chéliff, qui ont
trouvé dans ces blés une résistance à la sécheresse plus grande que
la Tuzelle n'en offrait, une production supérieure et une meilleure
qualité.

Ces Richelles, après de nombreux essais qui ont porté sur plus de
150 races, restent les blés qui conviennent le mieux aux cultures
soignées, les blés qui paieront le mieux les frais d'une culture

intensive, par les arrosages d'hiver, les fumures, les labours préparatoires, etc.

MM. Samson et Durros sont de l'avis contraire à celui de M. Trabut sur les avantages respectifs des Tuzelles et des Richelles.

M. Marès explique que l'acclimatation joue un grand rôle dans la réussite des blés. Le climat, le sol et toutes sortes de circonstances mal connues, influent sur la variété.

M. Trabut expose que les blés étrangers doivent être importés de pays moins riches dans des pays plus riches, pour que la réussite soit à peu près certaine.

M. Lecq fait observer que pour les blés durs la question est résolue. Pour les blés tendres, nous avons quelques variétés qui ont fait leurs preuves dans la région de Sidi-bel-Abbès et dans les plaines du littoral.

M. Samson croit que le blé barbu tendre, de Mahon, serait le meilleur, car il mûrit 15 à 20 jours plus tôt que les autres variétés.

M. Durros est du même avis.

M. Casanova expose que la variété d'orge cultivée est l'*escourgeon*. Il désirerait que l'introduction des orges exotiques fût absolument interdite.

M. Saïah appuie fortement ce vœu relatif à l'introduction des orges exotiques en Algérie, qui n'ont donné que de mauvais résultats et causé un véritable préjudice aux Indigènes.

M. Samson demande si la Commission de secours savait que les orges de semence qu'elle a distribuées étaient des orges exotiques.

M. Vermeil fait observer que dans le département d'Oran les prêts de semences en orge devaient être faits en orge indigène et non en orges exotiques.

M. Marès dit qu'il en a été de même pour le département d'Alger. Il a fait lui-même le cahier des charges. Tout le monde pouvait être adjudicataire et la préférence devait être donnée aux colons du pays.

M. Durros fait observer qu'au Comice d'Affreville, les adjudications n'ont pu avoir lieu, l'Administration les ayant réservées.

M. Vermeil dit que pour les blés français, l'expérience a été faite dans le département d'Oran. Ces blés n'ont donné aucun résultat bien défini et les essais porteront, dorénavant, sur les blés algériens.

M. Trabut déclare que cette question a été étudiée par lui un peu dans toute l'Algérie et qu'il est de l'avis de M. Vermeil, pour la plupart des régions.

Après cet échange de vues sur les semences, la lecture du rapport de M. Godard continue sur la question des travaux d'ensemencement.

La Commission émet l'avis que les semailles, telles qu'elles sont indiquées dans le rapport de M. Godard, sont moins bonnes que les semailles sous labour. Le terrain est ensuite travaillé avec la herse.

Le hersage de la céréale en herbe est discuté. Bon à certaines époques, il est mauvais si les circonstances atmosphériques ne sont pas favorables. Tout le monde est d'avis que le roulage léger est propice à la végétation des céréales.

M. Vermeil fait observer que dans la région de Cacherou, le hersage des céréales est pratiqué, au moins dans une grande ferme. Il donne d'excellents résultats. Les Indigènes frappés des avantages du hersage et du roulage des céréales se mettent à pratiquer ces travaux.

M. Casanova et M. Samson parlent en faveur du roulage.

M. Durros croit que le crosskill ferait les deux travaux à la fois. Mais l'instrument ne marche pas assez vite.

M. Lecq conclut que les hersages doivent être préconisés avec prudence. Les roulages, au contraire, sont, en tous cas, sans danger.

La lecture du rapport continue.

Sur la question du dépiquage, les avis sont partagés. Le battage à la vapeur n'est bon que pour les gros propriétaires, à moins que les petits ne se syndiquent.

Au sujet des moissons, M. Thirion fait remarquer que l'Indigène, tout en laissant un peu de paille, pourrait cependant en ramasser un peu plus.

M. Saïah trouve que les voies de communication ne sont pas assez nombreuses pour permettre le transport de telles moissons.

A propos de dépiquage, M. Thirion fait observer que le dépiquage au rouleau occupe la famille qui ne trouverait pas du travail ailleurs. Le travail à la machine coûte trop cher aujourd'hui.

M. Casanova, qui a consulté bon nombre de colons de la plaine du Chéliff, donne leur avis qui est que la machine produit un travail trop coûteux.

M. Casanova, à propos des primes données aux meilleurs agriculteurs indigènes, voudrait qu'on attribuât ces primes à ceux qui chercheraient à faire des améliorations et réussiraient surtout dans leurs essais.

M. Casanova lit le rapport de M. Renoux, absent. Ce rapport, résultat d'un travail long et consciencieux, n'est l'objet d'aucune observation.

M. Lecq présente un travail qu'il a fait sur la situation économique des tribus de la vallée du Chéliff en 1867, travail qui permet de comparer la situation actuelle à la situation ancienne.

Les tableaux présentent quelques lacunes. Mais il en a été tenu compte pour le calcul des totaux, dans lesquels les données incomplètes ne sont pas entrées ; notamment, la quotité des impôts, payés par tête d'habitant, a été déterminée déduction faite du chiffre de la population des trois dernières tribus figurant au tableau, pour lesquelles le montant des impositions, en 1897, n'a pu être fixé.

M. Casanova lit le rapport de M. Renoux sur les voies de communication.

Au sujet des centimes additionnels, M. Saïah demande à ce qu'on s'en tienne aux 4° journées de prestation.

M. Marès et M. Trabut voudraient, au contraire, que l'on maintint les centimes additionnels.

M. Casanova fait observer que M. Renoux émet le vœu que des travaux pussent se faire sur les chemins non classés et que les sections fissent leurs travaux sur leurs territoires.

A propos des travaux de plantations, M. Yaya est d'avis qu'on doit obliger l'Indigène à les faire. Toutes les fois qu'il les fera de bon gré, l'Administration devrait chercher à l'encourager.

Le Secrétaire,

Vermeil.

Séance du 21 décembre 1897.

Les membres présents sont les mêmes que ceux de la veille.

M. LE PRÉSIDENT donne lecture du rapport de M. Trabut sur les *Cultures alimentaires secondaires et les cultures horticoles.*

M. SAMSON et M. CASANOVA déclarent que la culture des fèves demande de l'eau pour bien venir ; alors seulement elle donne un rendement convenable. En 1897, les fèves n'ont rien produit et le légume est monté à 22 fr. le quintal, alors que le prix moyen est 10 fr. Cependant, de l'avis général, on doit conseiller la culture des fèves qui donneront leur appoint à l'alimentation. Mais le légume est volé facilement ; par suite du défaut de sécurité, l'Indigène ne récolte presque rien, aussi ne sème-t-il que fort peu.

M. DURROS signale une plante, appelée *Carcella*, cultivée avec succès par les Indigènes dans la région du Zaccar et de Ténès. Ses grains sont donnés aux animaux avant de partir au travail. Il serait bon de voir si cette plante ne pourrait pas réussir dans toute la vallée du Chéliff.

A propos du *Soja*, M. CASANOVA dit qu'il n'a pas réussi aux environs d'Orléansville.

M. VERMEIL est d'avis qu'on ne doit pas en rester à un seul essai ; dans les environs d'Oran, le *Soja hispida* a donné en 1897 de bons résultats, en terrain sec.

M. YAYA dit que le *Soja* est moins bon pour l'Arabe que le *Bechena* qui exige de l'eau. Au sujet de l'*Arachide*, M. Yaya trouve que cette plante vient bien à Orléansville ; mais cette culture ne peut pas être faite en grand, l'Indigène ne doit pas en vendre, car il n'y trouverait aucun bénéfice, mais il ne doit pas non plus en acheter.

A propos des navets, M. TRABUT explique que cette racine, rapée, pourrait faire une sorte de choucroute qui serait, pour les mauvais jours, une bonne ressource alimentaire.

Quant aux pommes de terre, M. CASANOVA a essayé la *Richter's Imperator*, la *Magnum bonum* et l'*Early rose*, dans la région d'Orléansville. Ces trois variétés ont donné de bons résultats pour l'alimentation. Les rendements ont été satisfaisants.

Au sujet du safran, M. TRABUT insiste sur les avantages que cette culture pourrait donner. Mais il appartiendrait à l'Administration de la protéger, d'abord, et de veiller, ensuite, à la vente des produits pour que les Indigènes, surtout, ne soient pas trompés.

A propos de l'*Alpiste*, M. Trabut fait remarquer que sa paille est d'excellente qualité et que la plante pourrait être semée avec le blé.

L'*Alpiste*, dit-il, ne diminuerait pas les rendements de la céréale. La graine d'*alpiste* vaut en moyenne 15 fr. le quintal, ce prix monte quelque fois jusqu'à 25 fr. quand la graine est rare.

Au sujet des *Agaves à filasses*, M. Trabut préconise leur exploitation. L'*Agave* serait traité comme M. Vermeil l'indique dans son rapport.

M. Trabut, au sujet des moyens de propagation des cultures présente les observations suivantes :

Le professeur départemental d'agriculture ne peut pas, dans les départements algériens surtout qui sont très grands et où tout est encore à faire, suffire à toute sa tâche. On pourrait mettre sous son contrôle direct des sortes de chefs de culture sortant des fermes écoles ou des écoles pratiques d'agriculture. Ceux-ci donneraient aux Indigènes les renseignements suffisants. L'Indigène ignore, en effet, presque toutes les choses les plus élémentaires de l'agriculture. Ces moniteurs ne coûteraient pas cher et, peu à peu, pourraient être pris, en partie, chez les Indigènes. Cette institution semble indispensable aux progrès de l'agriculture, surtout chez les Arabes, et M. Trabut prie la Commission de prendre une décision ferme à ce sujet pour que le Gouvernement soit bien pénétré de son utilité. M. Trabut, d'ailleurs, déposera un vœu à ce sujet.

M. Lecq donne, ensuite, lecture du Rapport de M. Vermeil sur « *les industries agricoles secondaires, l'utilisation des produits naturels et la basse-cour.* »

Au sujet de l'industrie du crin végétal, une discussion générale est ouverte :

M. Trabut regrette que l'Indigène soit presque toujours trompé sur le poids ; mais la Commission estime qu'il n'est pas possible de réglementer la question en rendant obligatoire le pesage par un poids public.

A propos de la distillation des plantes aromatiques, M. Trabut prétend que l'Administration crée trop de difficultés aux distillateurs. Les droits sont trop élevés, ils sont calqués sur ceux de la Métropole et, cependant, nous avons en Algérie des plantes désignées sous le même nom dont les produits sont de valeur infiniment moindre. M. Trabut cite, à l'appui de sa thèse, l'absinthe algérienne, la menthe, etc., dont les essences ne sont pas comestibles comme elles le sont en France. Le *Thymus Fontanesi* des environs de Perrégaux pourrait donner de la bonne essence de serpolet, mais à cause des difficultés que crée la Régie, on a dû renoncer à sa distillation.

M. Thirion, déclare cependant que le fenouil est distillé chez lui sans que la Régie vienne lui créer des difficultés.

M. Samson demande si l'absinthe de France et la menthe poivrée ne pourraient pas être cultivées avec succès en terrains irrigués.

M. Trabut croit que la menthe viendrait bien.

M. Vermeil, de son côté, estime que l'absinthe pourrait donner de bons résultats.

Diverses observations sont échangées au sujet des figuiers de Barbarie, de l'apiculture et de la basse-cour.

M, Lecq donne ensuite lecture du rapport de M. Thirion sur le *bétail*.

L'élevage du mulet est préconisé par MM. Durros, Samson, Casanova, Lecq et Marès.

Ce dernier fait remarquer, à propos des chevaux, que les prix offerts par la Remonte de 600 francs qu'ils étaient d'abord ne sont plus aujourd'hui que de 400 ; cette diminution est très préjudiciable à l'élevage du cheval.

Un vœu sera émis par M. Durros à ce sujet.

La Commission est d'avis que, pour la plaine du Chéliff, la race locale ovine est excellente. Un peu de sélection ferait beaucoup mieux que l'importation d'animaux de France, d'Angleterre, etc.

A propos des mérinos, M. Thirion fait observer que des béliers mérinos, introduits à Inkermann et à Renault, n'ont donné que des résultats insignifiants.

Au sujet des pâturages en forêts. M. Saïah demande que les indigènes puissent faire pâturer dans les bois. M. Trabut est d'un avis contraire, le pâturage en forêt serait la perte du bois.

M. Vermeil fait remarquer que l'Administration des forêts pourrait prendre les mesures nécessaires pour que la règlementation des pâturages puisse donner satisfaction au vœu exprimé par M. Saïah tout en conservant les forêts. Le pâturage serait permis au moment où le bois est défendable et supprimé à l'époque où le réensemencement naturel doit se faire.

La séance est levée à 11 heures 20.

Le Secrétaire,
VERMEIL.

Séance 21 décembre 1897.

M. Trabut, absent, est excusé.

M. Marès donne lecture du rapport de M. Samson sur l'*Alimentation du bétail, les plantes fourragères à cultiver, la conservation des fourrages et les abris.*

A propos de l'ensilage M. Marès fait observer que les ravenelles conservées seules donnent un mauvais fourrage ensilé.

M. Samson et M. Vermeil sont du même avis et conseillent d'ensiler ces plantes avec 1/3 ou 1 2 de bonnes herbes fourragères.

Une discussion générale s'engage sur les diverses plantes fourragères ; l'avis de M. Samson est adopté par la Commission entière au point de vue des plantes fourragères dont la culture est à conseiller en hiver.

A propos du sorgho, M. Durros demande si cette nourriture, employée exclusivement, ne serait pas dangereuse pour les bêtes à cornes.

M. Vermeil est d'avis qu'il est bon de procéder avec prudence et conseille l'usage du sorgho dans la proportion de un sur deux ou trois repas.

M. Casanova dit que les chevaux des Cosaques ne mangent absolument que du sorgho et s'en portent très bien.

La question des abris reste réservée car elle est discutable et très controversée.

M. Casanova lit ensuite son rapport sur l'*Utilisation des eaux de barrages, des eaux souterraines et leur application aux diverses cultures ; irrigations d'hiver et de printemps.*

Il continue ensuite sa lecture par son deuxième rapport sur *les moyens administratifs à suivre se rapportant aux questions agricoles discutées au cours des séances.*

La Commission décide ensuite que le rapport général de M. Marès et les vœux seront lus et discutés dans une prochaine réunion qui aura lieu à Orléansville. La date de cette réunion sera fixée par M. Lecq, de façon à pouvoir réunir le plus de membres possible.

La séance est levée à 5 heures 1 2. La deuxième réunion, tenue à Alger, est close.

Alger, le 22 décembre 1897.

Le Secrétaire,
P. Vermeil.

Séance du 3 Mars 1898.

Le jeudi 3 mars 1898, à 3 heures et demi de l'après-midi, la Commission nommée par M. le Gouverneur général de l'Algérie pour étudier les moyens propres à améliorer la situation agricole de la plaine du Chéliff, s'est réunie, à Orléansville, dans une des salles de la Mairie. sous la présidence de M. Lecq, Inspecteur de l'agriculture en Algérie.

Etaient présents : MM. Lecq, Trabut, Marès, Vermeil, Branlière, Robert, Casanova, Samson, Durros, Saïah Mohammed ben Henni. Yahia ben Belkacem.

Etaient absents : MM. Renoux, Gournail, Boutonnet, Ramier, Thirion, Godard, Ben Alia El Hadj Djelloul.

L'absence de ces Messieurs est excusée par les membres présents.

Après l'appel nominal, M. Lecq, explique l'objet de la réunion et en donne l'ordre du jour suivant :

1° Lecture du travail du rapporteur général ;
2° Discussion des conclusions à adopter.

Il est ensuite donné lecture des procès-verbaux des séances tenues à Alger les 20 et 21 décembre 1897.

Après quelques observations présentées par divers membres et particulièrement par MM. Durros et Trabut, les procès-verbaux sont adoptés.

M. Marès, désigné dans la séance du 19 novembre dernier, pour remplir les fonctions de rapporteur général, présente à la Commission le travail qu'il a été appelé à établir en cette qualité.

Le rapport de M. Marès résume les questions traitées par MM. Renoux, Casanova, Robert, Marès, Godard, Trabut, Vermeil, Samson et Thirion, et relatives aux moyens pratiques qui pourraient être recommandés aux populations rurales pauvres de la vallée du Chéliff pour se prémunir des disettes fréquentes causées par la sécheresse.

Les grandes lignes de ce rapport portent sur les régions du Chéliff éprouvées par la sécheresse, sur les variations du chiffre de la population, sur la situation des cultivateurs européens et indigènes, sur les voies de communication, sur la climatologie de la vallée du Chéliff, sur le rôle des cultures arbustives, sur le mode d'utilisation des eaux d'irrigation d'hiver, de printemps et d'été, sur l'utilisation des eaux de barrages et de ruissellement, sur les améliorations d'ordre simple à introduire dans la culture des Indigènes, sur les cultures alimentaires secondaires, sur les industries agricoles secondaires, sur le bétail, son alimentation et enfin sur la conservation des fourrages.

Une discussion générale s'engage sur les diverses questions qui ont fait l'objet du rapport général de M. Marès.

La Commission est d'avis que les irrigations d'hiver sont les plus utiles pour l'agriculture de la vallée du Chéliff.

M. TRABUT demande que des indications soient données dans ce sens à la Commission qui a été tout particulièrement chargée d'étudier les irrigations de cette vallée, Commission qui a préconisé les irrigations d'été.

M. CASANOVA demande que la main-d'œuvre pénitentiaire soit employée à des travaux d'hydraulique, consistant en petits barrages sur les oueds, pour retenir les eaux et empêcher en même temps le ravinement.

La Commission invite l'Administration à encourager, par tous les moyens mis à sa disposition, les particuliers qui entreprendraient de pareils travaux.

Une discussion s'élève entre MM. Marès, Casanova, Trabut, Lecq et Durros à propos des redevances à payer pour les eaux d'irrigation.

M. MARÈS voudrait que l'eau soit amenée gratuitement dans les centres de colonisation, avant même le peuplement de ces centres, surtout dans la vallée du Chéliff.

M. CASANOVA serait d'avis de faire payer une redevance, sinon les Syndicats auraient à leur charge la totalité des travaux. La redevance à payer serait calculée non d'après le coût du litre d'eau, mais plutôt d'après les bénéfices que ce litre d'eau procurerait. Tous les dix ans on réviserait les listes de redevances pour les mettre d'accord avec les conditions économiques du moment.

MM. BRANLIÈRE et CASANOVA sont d'avis que les eaux d'irrigation soient données gratuitement pendant les trois premières années, parce que l'installation des irrigations coûte très cher.

MM. CASANOVA, SAÏAH MOHAMMED BEN HENNI et YAHIA BEN BELKASSEM désireraient voir imprimer une petite brochure intitulée : *Conseils à donner aux agriculteurs de la vallée du Chéliff*. Dans cette brochure, on donnerait, brièvement, les conseils les plus utiles qui découlent des observations présentées dans les divers rapports.

Cette motion étant adoptée, la séance est levée à 6 heures du soir pour être reprise le lendemain matin à 8 heures.

Le Secrétaire, VERMEIL.

Séance du 4 mars 1898.

—

MM. les Membres présents à la réunion de la veille, assistent également à cette séance.

Dès l'ouverture de la séance, la discussion s'engage sur le projet de création d'un champ d'expériences et de démonstration et d'une pépinière à Orléansville.

L'installation d'une pépinière est adoptée par la Commission. Dans cette pépinière on ferait surtout des oliviers et des figuiers ; M. ROBERT demande qu'on y joigne l'amandier. M. CASANOVA estime à 1,500 quintaux la quantité de figues qui entre à Orléansville. La Commission se demande si les figuiers ne pourraient pas être plantés, en plus grand nombre, dans la vallée du Chéliff. Il y aurait à faire des expériences où l'on s'attacherait à multiplier les variétés qui craignent moins la sécheresse.

A propos des plantations de cactus dans les communaux, M. SAÏAH MOHAMMED BEN HENNI estime qu'il y a impossibilité absolue d'entreprendre ces travaux en raison de la difficulté de trouver la main-d'œuvre nécessaire et de procéder ensuite à la répartition des fruits.

M. CASANOVA estime que la chose serait possible dans quelques communes mixtes, mais non dans les communes de plein exercice.

M. Casanova ajoute que dans la région d'Orléansville il y a quelques cactus communaux. M. SAÏAH explique la provenance de ces plantations communales.

M. LECQ demande si on ne pourrait pas dégrever les plantations de cactus et même d'arbres fruitiers pendant un certain temps ; le dégrèvement porterait surtout sur les plantations de surfaces restreintes : 1/2 hectare à peu près.

M. MARÈS est d'avis qu'il y a lieu d'obliger administrativement l'Indigène à faire des plantations, qu'il ne créerait jamais de bon gré.

M. SAÏAH veut bien qu'on encourage ces plantations, mais trouve que l'Indigène n'est pas à même de les faire.

M. TRABUT dit qu'il a vu à Tébessa de grandes plantations de cactus. Ces plantations sont en ligne et, à l'époque de la maturité des figues, les différentes lignes sont vendues à l'adjudication.

M. CASANOVA trouve que la grosse difficulté réside en la surveillance et la répartition des produits.

M. Trabut est d'avis d'obliger la Commune à avoir sur ses terres, une surface plantée de cactus, que ces cactus soient communaux ou non. La Commune les planterait, les donnerait ou les vendrait.

M. Yahia ben Belkassem trouve que la question des plantations de cactus doit être étudiée, mais il estime toutefois que la figue de Barbarie seule ne peut pas préserver l'Indigène de la famine.

M. Durros estime que l'Indigène trouverait au moins des figues, et que pendant l'époque de leur maturité, il y aurait certainement moins de vols dans les autres récoltes.

M. Trabut émet l'idée d'obliger les Compagnies de chemins de fer à placer sur les talus des figuiers de Barbarie.

M. Casanova estime que ces plantations seront détruites par les Indigènes et les troupeaux en très peu de temps.

En résumé, la Commission exprime le vœu que toutes les plantations faites par les Indigènes soient non seulement dégrevées mais encore encouragées.

A propos des silos, M. Casanova dit que l'Indigène est traité de façon différente en commune mixte et en commune de plein exercice ; comment organiser des silos ? les uns apporteraient des grains, les autres s'y refuseraient. Il faudrait que l'Indigène soit administré uniformément.

Les silos présentent beaucoup d'inconvénients. Les sociétés de prévoyance rendraient de meilleurs services. Si ces sociétés voyaient l'utilité des silos, elles pourraient toutefois les construire elles-mêmes. M. Durros appuie l'avis, émis à ce sujet, par M. Casanova.

A propos des bêtes de somme, mulets, chevaux et chameaux, MM. Robert et Branlière demandent si ce dernier animal ne rendrait pas de bons services dans la vallée du Chéliff. Des essais sont à faire. M. Samson déclare qu'il cherchera à les faire.

Quant à l'importante question de la sécurité, M. Lecq fait remarquer que de nouvelles lois ne sont pas nécessaires ; il suffit de bien interpréter celles qui existent.

M. Lecq fait observer en outre qu'on doit insister sur l'utilité des labours préparatoires d'hiver et d'été. Pour encourager ces labours, M. Lecq propose de donner gratuitement des charrues, dont le modèle sera indiqué par les Comices agricoles afin que dans les mêmes centres le modèle des charrues soit le même.

M. Casanova est d'avis de faire distribuer également quelques herses qui rendraient d'excellents services.

Aucune observation n'étant plus présentée, le rapport de M. Marès est adopté dans ses grandes lignes par la Commission, qui décide que les avis émis dans ces deux séances seront également annexés au rapport général.

Avant de lever la séance, M. Lecq remercie, au nom du Gouvernement, les membres de la Commission pour le zèle avec lequel ils se sont acquittés de leur difficile mission et exprime l'espoir que dans tous leurs travaux poursuivis avec un grand esprit pratique et une égale compétence, le Conseil supérieur trouvera des indications utiles pour la direction à imprimer à l'action administrative dans la vallée du Chéliff et, qu'en outre, colons et agriculteurs pourront y puiser des renseignements précieux pour la mise en valeur de leurs terres.

Le Secrétaire,
Vermeil.

TABLE DES MATIÈRES

Alger. — Imprimerie Orientale, P. Fontana et Cⁱᵉ, rue d'Orléans, 29. — 1-99